U0149935

跨越时空的相遇
中国园林建筑解读
陈越平◎著

中国书籍出版社
China Book Press

图书在版编目 (CIP) 数据

跨越时空的相遇：中国园林建筑解读 / 陈越平著 . --
北京 : 中国书籍出版社 , 2020.12

ISBN 978-7-5068-8282-8

Ⅰ . ①跨…　Ⅱ . ①陈…　Ⅲ . ①园林建筑 – 建筑设计 –
研究 – 中国　Ⅳ . ① TU986.62

中国版本图书馆 CIP 数据核字（2021）第 000477 号

跨越时空的相遇：中国园林建筑解读

陈越平　著

责任编辑　李国永
责任印制　孙马飞　马　芝
封面设计　尚书堂
出版发行　中国书籍出版社
地　　址　北京市丰台区三路居路 97 号 (邮编：100073)
电　　话　（010）52257143（总编室）　（010）52257140（发行部）
电子邮箱　eo@chinabp.com.cn
经　　销　全国新华书店
印　　厂　三河市德贤弘印务有限公司
开　　本　710 毫米 ×1000 毫米 1/16
字　　数　205 千字
印　　张　15.5
版　　次　2021 年 10 月第 1 版
印　　次　2021 年 10 月第 1 次印刷
书　　号　ISBN 978-7-5068-8282-8
定　　价　86.00 元

前言

亭台楼阁，廊桥榭舫，中国园林建筑个性鲜明，多姿多彩，自成一家，在世界园林史上具有很高的地位。

不同于西方园林的整齐划一、对称严谨，中国园林建筑的独特之处是“虽由人作，宛自天开”，将自然山水之景浓缩至园林之中。园林中的一草一木、一厅一堂、一楼一阁，都被设计者巧妙地点缀在蜿蜒的山水之间，组合成令人惊叹的唯美画境。

如诗如画的园林建筑，自古以来便备受人们的青睐，不仅是显贵之家用以游玩宴赏的首选之地，更是文人雅士们的栖心之所。正因为如此，笔者撰写了本书，带领读者穿越时空，“游赏”园林，感受中国传统的园林建筑的魅力。

“游赏”园林建筑，首先要对园林知识有一定的了解，园林源于自然而又高于自然、人文美与自然美有机结合等特征，是我们品味园林建筑独特之美的基础。除此之外，园林的历史渊源也是不可不知的，从先秦的“高台榭，美宫室”到魏晋的“山水有清音”，再到明清时期各色园林建筑大放异彩，深厚的历史沉淀，赋予中国园林无与伦比的韵味。

园林的空间处理与建筑布局是我们探索的重点。无论是山水林木，还是亭台楼阁，造园者都能因地制宜，巧妙协调，打造出意境雅致而又趣味无穷的绝佳风景胜地。不仅如此，书中还揭示了中国诗词、书画等艺术以及哲学思想对造园艺术的影响，为读者展示充满文化艺术气息的园林风貌。

为了让读者更深入、细致地了解中国园林，笔者还精心设置了“林中暗问”“‘园’来如此”和“赏‘园’乐事”三个版块，以亲切而又不失优美的语言引导读者阅读，帮助读者更好地领略园林建筑之美。

本书力图以图文并茂的方式来解读充满诗情画意的中国园林建筑，希望读者能够在这场跨越时空的相遇中，一睹中国园林之风采，重拾古老的中国建筑之遗风！

作者

2020 年 10 月

目录

第一章

凭栏怀古，饱览风光

让我们一起跨进中国园林建筑的大门吧

第二章

曲径通幽处，园林无俗情

随我穿廊绕径游园林吧

第三章

远近高低，错落有致

快来一览中国园林的别致风情吧

第四章

亭台楼阁，廊桥馆榭

与我一同将中国园林建筑尽收眼底

第五章

宛如天成，顺道自然

你知道园林建筑所隐含的哲学观吗?

第六章

诗情画意，文华绮秀

带你游赏园林感悟诗书

第七章

草木有意，山水有情

就让我带你们游遍中国园林吧

第一章 凭栏怀古，饱览风光

让我们一起跨进中国园林建筑的大门吧

在中国古代各种建筑类型中，园林建筑当属艺术极品。中国园林建筑的历史悠久，源远流长，它以“天人合一”的哲学思想为基础，秉承着“妙极自然，宛自天开”的建造原则，融自然山水之美，集能工巧匠之艺，具有鲜明的民族特征，在人类文明的历史长河中留下了浓墨重彩的一笔。

中国园林建筑，是一种集文学、美学、哲学等各种艺术于一体的空间处理艺术，展现了中国人独特的审美情趣与精神追求。园林建筑“源于自然，而又高于自然”，依山傍水，将亭台楼阁巧妙地点缀于自然山水之间，高雅别致，韵味十足，具有独特的意境美。

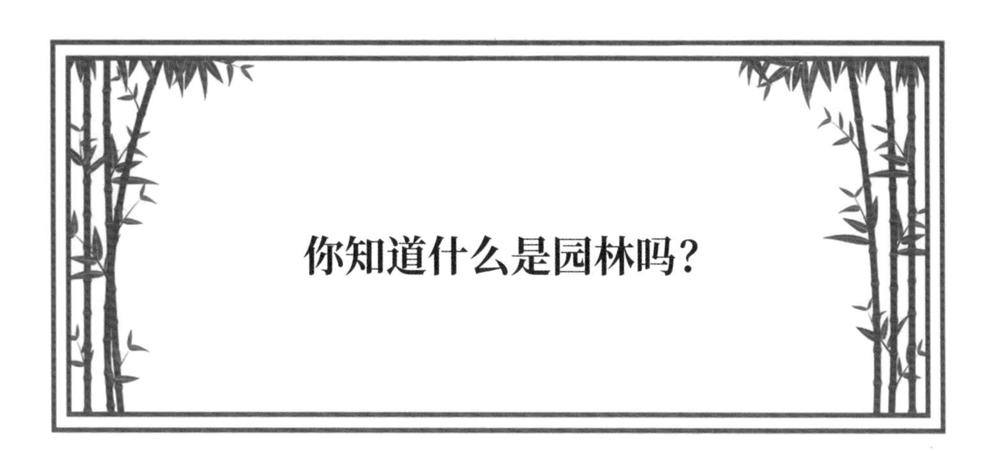

你知道什么是园林吗？

跨越时空的相遇

林中暗问

“静念园林好，人间良可辞”，园林，是诗人陶渊明的心归之处。古往今来，中国人的园林情结可谓经久不衰，对很多人来说，那曲径通幽之处无异于是世外桃源般的存在，令人无比神往。我们不禁好奇，让历代文人墨客为之倾倒的园林，究竟是什么样子的呢？

什么是园林呢？从我们现代人的角度来看，园林，是利用自然形成或人工开辟的山水地貌，糅合各种视觉景观，包括建筑、山水、草木等，建造的供人游憩、娱乐的环境。

园林是融合自然造化与人类情感的景观艺术

中国古代传说故事中，描绘了蓬莱群岛仙气缭绕、王母瑶池云蒸霞蔚的绝美风光；古希腊神话中，也描述了天使们在伊甸园和爱丽舍田园中自由嬉戏的场景。这些古人对美好生活的向往，成了后来的人们建造园林的启示。当然，园林出现的背景远不止如此，它是自然造化与人类精神等诸多因素共同作用下形成的一种景观艺术。

大自然的鬼斧神工之技，是园林建造的基础。园林中的山、水、花、草都源于自然的造化，经过建园艺术家们的努力，不断提炼与升华大自然赋予的美，打造出源于自然而又高于自然的、具有诗情画意之美的园林建筑。

园林是人类精神与情感的寄托之地。当人们对现实社会感到失望，难以排解忧愁之时，便醉心于园林中无忧无虑的理想生活，暂时远离现实中的尘嚣，放浪形骸。

构造园林的景观要素包罗万象

无山不成景

山体，是园林建造中不可或缺的一大要素。早期中国园林中都是直接采用天然山石，发展到后来，人们逐渐掌握了人工掇山的技艺，并流传至今，成为中国独特的建园传统。

园林中的山，不仅仅是作为一种具有观赏价值的景观要素而存在，它还有其独特的作用。造园家们利用高下起伏、姿态各异的山体来布置建筑、水

北京颐和园中的玉泉山

景、花木及其他景观，并顺势设置曲折蜿蜒、富有情趣的山间小路，使山体实际上成为园林中其他景观空间序列设置的基础。

无水不成园

园林尤其是中国园林，不能离开山，更不能没有水，因此有“园林无水则死，得水便活”的说法。

如果将连绵起伏的山体看作中国园林的骨架建构，那么园中的水体则无异于是流动的血脉了。水体与山体相似，除了自身的美观之外，还兼具组织园林中其他景观要素，营造整体视觉美感的功能。

由于水体在中国园林中的独特地位，因此对水景的建造艺术被称为“理水”，即意味着造园者对水景的设计布置是一种需要匠心精神的艺术设计。很多中国园林都是以湖、池水为主水体，以溪流、山涧、瀑布等为辅助水体，再搭配上各种山体、草木和建筑，使灵动的水与险峻的山峰、绿意盎然的树木、精巧别致的小建筑融为一体，再加上水中蓝天白云的倒影、嬉戏的

承德避暑山庄中的水景

鱼群、盛开的荷花，构成了一幅和谐优美的画面，给人以幽静、舒畅之感。

塑景建筑

园林中的建筑既可以供人们游玩和休息，又与园中其他的景观要素共同构成园景，丰富了整体的空间环境。

园林中的建筑不仅本身具有很强的观赏性，而且还能够帮助塑造景观，与山水、草木等形成映衬，营造出明暗、层次、色调的对比效果，给园林增添了独特、别致的美感。

另外，建筑还为人们欣赏美景提供了便利，当人们置身于亭台、水榭等园林建筑之中，眼前之景如观影般呈现，能够产生独特、美妙的景观效果。

四季植物

构成园林的重要景观要素，除了山、水、建筑之外，还有植物。

江南园林中的建筑与山石、水景、草木互相映衬

植物与形态固定不变的山体、建筑和局部流动的水体不同，它会随着四季的变化而发生改变，这使得园林能够产生春、夏、秋、冬的四时之景，也为其他固定不变的景观增添了几分灵动、活泼之感。

承德避暑山庄中的荷花池

园林秋景

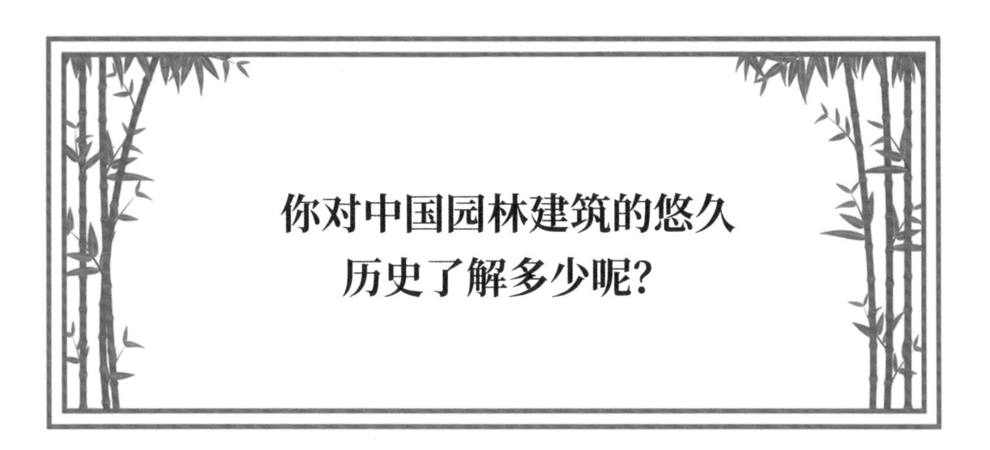

你对中国园林建筑的悠久历史了解多少呢？

跨越时空的相遇

林中暗问

如果你对古文字有一点了解，就会发现像园、苑、囿等与园林有关的字，早在殷商的甲骨卜辞中就已经出现了，这是不是说明，中国园林在殷商时期就已经出现了呢？

中国园林建筑的历史始于何时呢？有人认为应该向探索艺术和文化的起源那样，将园林建筑的历史追溯到旧石器时代的原始社会。

然而，要知道，作为一个供人们游玩休憩的境域，园林的建造是需要一定的物力与土木工事技术支撑的，这也就是说，园林极有可能产生于社会经济水平相对较高的时代，而不是生产发展水平极其落后的原始社会。

高台榭，美宫室——先秦园林建筑

最早对中国园林的记述见于《诗经》中提到的商末周初的“囿”，“囿”中之“台”，即当时的园林建筑。

“园”来如此

囿

囿，是古代封建贵族游乐、狩猎的一种园林。为供贵族取乐，囿中的鸟兽都有人专门管理，草木丛林也由专人打理。除了自然景色外，囿中还有人工建造的池和台，贵族们不仅可以在园中游憩、狩猎，举行宫廷宴会，欣赏自然风景，还可以进行祭祀等礼仪活动。

台

台，是一种用土垒积的方形高台，作为囿中的建筑而存在。春秋时期，孔子曾有“为山九仞，功亏一篑”之言，这里的“为山”，大概就是对人们用土筑台的描写。台最初的功能是观测天象，以通神明，于是有纣王建鹿台，“临望云雨”。之后又成为封建贵族登高望远、欣赏美景之处，遂兴“高台榭，美宫室”之风。

沙丘苑是中国最古老的园林，这在《史记》中也有记载。

沙丘苑建于商纣王以前，纣王对其进行了较大规模的改造、扩建，在园中建造了许多离宫别苑，并放置了很多野兽在其中，使其成为纣王的游玩、宴饮之地。

继商朝之后，西周也有著名的灵囿。据《诗经》记载，灵囿是一个有山有水有建筑、鹿鸟成群、鱼儿满塘、钟鼓齐鸣的园林，园中的高台建筑“灵台”不仅用于游乐、观赏，还是一个观测天象的场所。

象天法地，经纬阴阳——秦汉园林建筑

秦汉时期是中国园林建造的第一个高潮期，为了与大一统的王朝政治相匹配，此时的建园理念遵循“天人之际”的宇宙观，在布局设置上“象天法地，经纬阴阳”。

秦始皇在统一六国的过程中，每灭掉一国，就在自己的都城仿照该国宫室重建新园，可谓集当时园林建筑之精华。比如著名的上林苑，占地广阔，规模宏大，广种林木，畜养猎物，以供帝王射猎游玩取乐。

秦朝园林的建造比先秦时有所发展，不只是单纯的垒台观景，而是注重以人工整治山水，模拟传说中的东海仙岛，对自然环境加以改造，开启了一种全新的造园手法。

汉代自武帝时开始了大规模的建园工程。武帝与始皇帝一样，对虚无缥缈的长生不老药抱有希望，倾心于传说中的神仙海岛，于是扩建了秦朝的上林苑，使上林苑成为一组宏大的园林建筑群。汉代皇家园林兴盛，除长安城内外，还有大量建于关中、关陇各地，分布非常广泛。

赏“园”乐事

西汉上林苑风采

在秦代基础上扩建的西汉上林苑，北至九嵕山南坡，南达终南山北坡，地跨长安五区县境，规模宏大，历史罕见，是中国古代最大的皇家园林。

上林苑中包含的内容十分丰富，大致分为山水、动植物、宫、苑、台、观这几种。

山水。上林苑中除天然形成的湖泊之外，还有人工开凿的供游赏及其他用途的湖泊：昆明池、影娥池、琳池、太液池。

动植物。由于占地辽阔，地形复杂，上林苑中的天然植物十分丰富，郁郁苍苍，就像是一座超级植物园。在这样的环境中，豢养的动物自然也不少，大量的走兽、飞禽被放养在各处山林之中，供贵族狩猎之用。

宫。宫，即园林中的宫殿建筑，比较著名的有建章宫、宜春宫、望远宫、昭台宫等。

苑。苑，也就是园林，上林苑中的苑，也就是园中之园。据称，上林苑中有“苑三十六”，除一部分秦代的旧苑外，大部分都是汉武帝及以后兴建起来的，如宜春下苑、乐游苑、御宿苑等。

台。上林苑的建造沿袭了先秦筑高台的传统，有直接用土堆筑的桂台、眺瞻台，也有用以通神明的神明台。

观。上林苑中不同的观都有不同的功能，如白鹿观用于射猎，细柳观用于游赏等。

山水有清音——魏晋园林建筑

魏晋南北朝时期是中国历史上著名的乱世，许多文人雅士为远离战争，寄情山水，放浪形骸，尤其是一些富豪之家，建造了大量的私家园林，用以享乐山林之趣。

这一时期，最著名的私家园林当属西晋文学家兼富豪石崇的“金谷园”。

“金谷园”是石崇为自己晚年辞官归隐后吟诗作乐而建造的，根据当时的一些文献诗篇记载，可以知道这座园林是临河而建，园中直接引入金谷涧之水，水上可以行船，岸边杨柳依依，人们坐在岸边悠闲地垂钓、游玩、吃喝，好不惬意！

自北魏孝武帝迁都洛阳后，私家园林愈加兴盛起来，园林建筑受到士人山水诗文及绘画艺术的影响，更加重视对造园空间的艺术处理，如园中的假山和绿化布置，都非常有意境。

总的来说，魏晋时期的园林建筑以自然山水之美为核心，将园林建筑巧妙地融于自然，更加追求视觉上的享受。

巧于因借——隋唐园林建筑

隋唐时期，政治、经济、文化空前发展，为园林建造活动奠定了坚实的基础。

隋炀帝时大兴土木，兴建了许多离宫别苑，并建造了继西汉上林苑之后的最壮观的园林建筑——西苑。据史料记载，隋朝的西苑以水系贯通整个园林，沿水建桥、亭、廊等，园林之景因水而活。

唐代的建园艺术，可从著名的华清宫中窥探一二。

华清宫位于陕西西安的临潼县，依地势而造，是我国古代因地制宜的自然山水园林的典型代表。园中栽种了许多青松与翠柏，亭台楼阁掩映其中，并用各种奇花异草加以点缀，美丽极了！

华清宫四季风景秀丽：春时山花烂漫，园中绿意盎然，充满生机；夏日凉风习习，湖水微漾；秋季枫叶遍地，灿若明霞；寒冬白雪皑皑，分外妖娆……四时景色不一，各有千秋。

华清宫

隋唐时期的园林建筑不仅宏大壮观，而且在造景上善于因地制宜，巧于因借，极大地推动了我国园林建筑的发展。

融自然与人工之美——宋元园林建筑

宋元时期，中国园林建造艺术继续发展。

北宋的“寿山艮岳”是著名的皇家园林。“艮岳”的设计者是宋徽宗赵佶，整个园林布局井然，亭台楼阁错落有致，融山水之妙与立意之深于一体，代表了宋代园林发展的突出成就。

南宋与元朝时期的园林建造虽然不及北宋，但也极其兴盛。这一时期的园林建造类型多样，布局上致力于将人工艺术之美与自然景物之美相融合，打造富有诗情画意的独特园林建筑。

百花争艳——明清园林建筑

明清时期，中国造园艺术发展到顶峰。

明清时期，全国各地遍布大大小小的园林，并具有明显的地方特色，真可谓百花争艳。

明清的皇家园林多与离宫相配合，建筑宏伟壮观，景色宜人，令人叹为观止；私家园林布局精巧，追求诗意与画境，引人入胜。

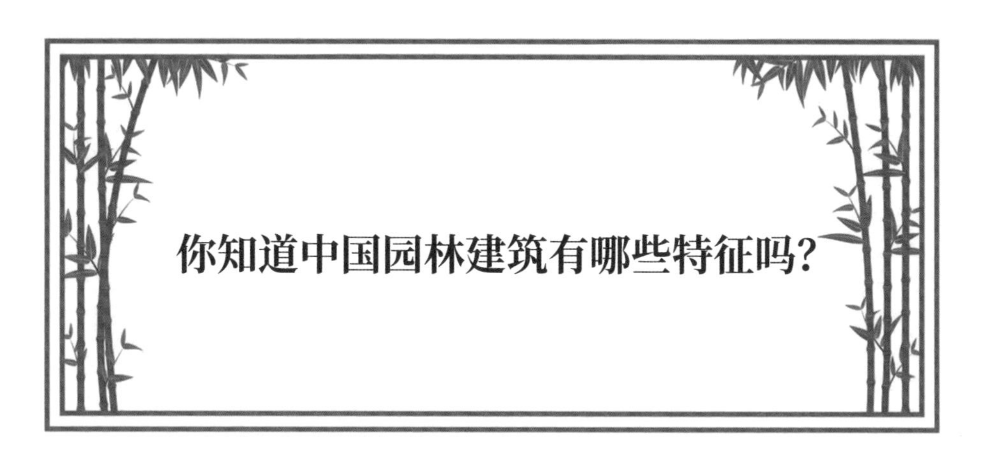

你知道中国园林建筑有哪些特征吗？

跨越时空的相遇

林中暗问

在了解了什么是园林，见证了中国园林建筑发展的悠久历史之后，你对中国园林是不是已经有了基本的认识了呢？那么，你知道中国园林建筑都有些什么特征吗？一起去看看吧！

源于自然而又高于自然

中国园林建筑是以自然界的山、水、植被为基础建造起来的，自然风景是园林建筑的构造要素。

然而，园林的建造不只是简单地利用或模仿这些自然景物，还需要对自然之景做进一步的加工、改造和调整，创造出源于自然而又高于自然的充满艺术性的建筑作品。

园林建筑对自然的加工和改造，主要体现在叠山、理水、植物配置等造园手法上。

叠山——苏州留园中的冠云峰

理水——园林中常见的溪涧景观

植物配置——苏州盆景园中的植物

人文美与自然美的有机结合

中国的造园活动在崇尚自然的基础上，又融入了浓厚的人文内涵，从而使园林建筑在整体上达到了人文美与自然美高度和谐的境界。

北京颐和园的秀漪桥，人造建筑与自然景色融为一体

充满诗情画意

中国园林的建造艺术其实是中国传统诗词、书法与绘画等各种艺术的综合体现，那些园林建筑就像是一幅幅动态的自然山水风景画，充满着浓郁的诗情与画意。

苏州网师园

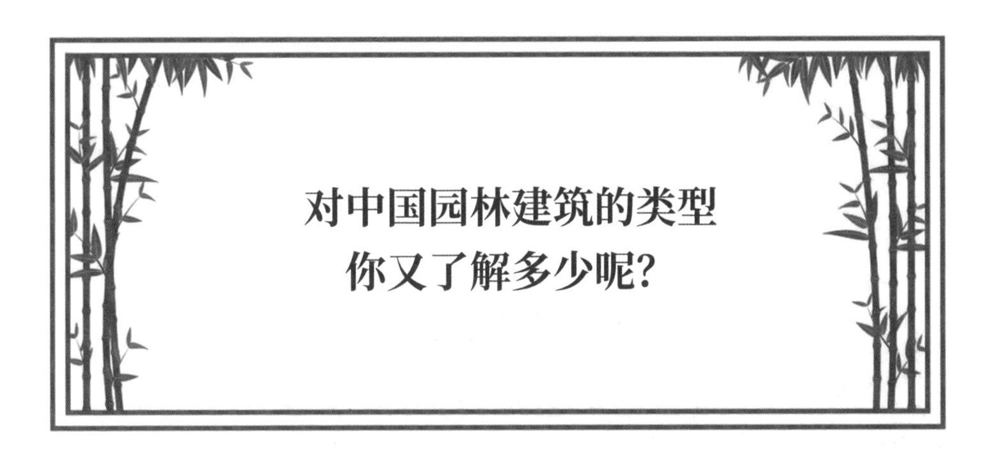

对中国园林建筑的类型你又了解多少呢？

跨越时空的相遇

林中暗问

在如诗如画的中国园林中，各种建筑类型丰富多样，你能说出哪些呢？让我们一起去看看吧！

中国园林建筑多种多样，这里仅做简单介绍，以供了解和观赏，本书第四章会做详细说明。

门楼影壁

园林中的门楼建筑，也就是园门，由于园林类型的不同，其形式也多种多样、丰富多彩。

中国皇家园林多采用宫殿大门的形式，恢宏大气，以体现皇权之威严。

北京颐和园北宫门

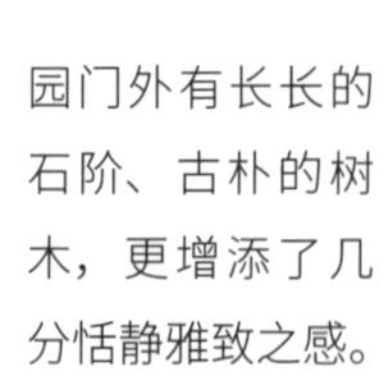

园门外有长长的石阶、古朴的树木，更增添了几分恬静雅致之感。

苏州拥翠山庄园门

影壁，在中国古典皇家园林中对整个建筑群起先导作用，也象征着皇室的权威。

北京北海公园九龙壁

宫殿厅堂

宫殿只出现在皇家园林中，是园林乃至所有建筑中等级最高的一类，供古代帝王居住或祭祀之用。

厅和堂是中国园林建筑中的主体，主要供园林主人游园或会客使用，装修考究，陈设精美。

北京颐和园中的仁寿殿

轩馆斋室

轩、馆、斋、室也是中国园林中比较常见的建筑，既可以与主体建筑厅、堂等一起组合成建筑群，也可以单独成景。

轩，可以临水而建，也可以建在高旷之处，周围环境清幽，既宜远观，亦可近赏。

馆，一般作为会客场所，类似于厅、堂。在皇家园林中，馆常以建筑群的形式出现。

斋，多为书屋，是供人修身养性的场所，因此通常建在安静的庭院内，成为独立建筑，以隔离外界纷扰。

室，与斋有相似之处，环境清幽，富有诗意，是园林主人读书、抚琴的场所。

亭台楼阁

亭的造型小巧别致，而且选址比较灵活，是园林中随处可见的建筑物，游人可以在亭中暂时小憩或乘凉、避雨等。

北京天坛双环万寿亭

台在古代是帝王登高瞭望或祭祀神明的场所，在今天则用来供游人观景或表演节目之用。

楼、阁在园林中的形制相似，都是高层建筑，结构精巧，观赏性和实用性都很强，常作为整个园林中的主景。

廊桥榭舫

廊，也就是走廊，是厅、堂等主体建筑中的附属建筑，可以把很多独立的建筑组织起来，形成建筑群。

山西晋祠公园长廊

桥，是中国传统园林中必不可少的建筑，它的存在使整个园林显得更加古朴、深邃，为园林增添了不少韵味。

北京颐和园十七孔桥

榭，主要是水榭，既可作景观，也可作休息之所。如今很多园林中的榭还作为进行各种文娱活动之地。

舫，是园林中一种形似于船的建筑物，建在水面开阔处，可作赏景、饮宴之用。

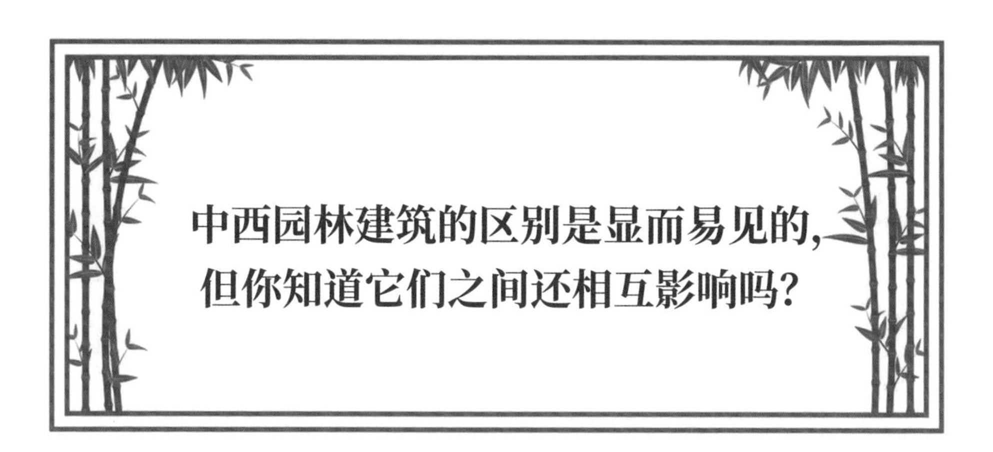

中西园林建筑的区别是显而易见的，但你知道它们之间还相互影响吗？

跨越时空的相遇

林中暗问

充满诗情画意的中国园林已经让我们着迷了，那么对于西方园林你又了解多少呢？你知道中西园林建筑的区别在哪里吗？为什么说它们之间还相互影响呢？

西方园林建筑风格

与山水风景式的中国园林不同，西方园林建筑气势恢宏，布局开阔，呈中轴线对称的几何格局，崇尚对称、整洁的几何美，给人以秩序井然、和谐明朗之感。

中轴对称的西方古典园林——凡尔赛宫

西方园林中的轴线贯穿整个园林，轴线以主建筑为起点，两边则以花坛、雕像和喷泉等景物作为装饰。

凡尔赛宫的花坛

凡尔赛宫的雕像

凡尔赛宫的喷泉

赏“园”乐事

凡尔赛宫

巴黎凡尔赛宫是西方古典园林的代表，坐东朝西，其中轴线自东向西延伸，贯穿全园。

凡尔赛宫中最突出的部分是“水花坛”。这座“水花坛”其实是呈矩形的大型水镜面，水池的池壁上装饰着各种青铜像，水面清澈，倒映着蓝天、白云，静谧而优美。

此外，在凡尔赛宫的“国王林荫道”两侧，还有14处小林园，包括构思巧妙、有着诸多动物雕像的“迷园”，布局精美、水景荟萃的浪漫式风景园林“沼泽园”，以及其他比较著名的“水镜园”“柱廊园”等，它们一起构成了整座园林中最特别、最可爱的部分。

中西方造园艺术相互影响

传统的西方园林建筑提倡规则、对称，受中国山水文人园林的影响，西方园林建筑开始朝着自由、浪漫、舒缓、飘逸的风格转变。

西方园林建筑吸取中国造园经验，将人造之景与自然之景相融合，以姿态各异的自然散生植物代替整齐排列、统一修建的花坛植物，一改之前的整齐划一、严肃庄重的单调氛围，增添了几分自然、朴实、纯真之趣，给人以独特的视觉享受。

不可避免的，西方的造园技术也对中国的园林建筑产生了影响。一方面，中国园林建筑采用西方园林中的中轴线、模纹花坛等元素，使得自然、秀丽的中式园林中更多了一份力度与秩序之感；另一方面，受西方园林的影响，中式园林中也开始热衷于对广场和草坪的建设，这使得中国园林在整体视野上显得更加开阔，给人们带来了视觉上的新鲜感。

第二章

曲径通幽处，园林无俗情

随我穿廊绕径游园林吧

漫步于园林之中，嗅着桂气暗蔓，感受竹荫侵肌，满目蒙络摇缀，山含凉烟。此乃园林之意境，整个心荡漾在水色潋滟之中。

园林总是给人这种视觉、听觉、嗅觉等多重感受，仿佛置身于立体的山水画之中。景色如果只是流水线下的产品，毫无温度，那么便太过单调。而园林则是赋予亭台楼阁、水波植被以人性，情与景的交融在此刻达到了顶峰。这样的妙处不仅体现了匠心独具，还包含着民族韵味。

园林为城市增添了一抹山林秀气，在高楼林立之下，步入这样的世外桃源，不失为一种雅趣。

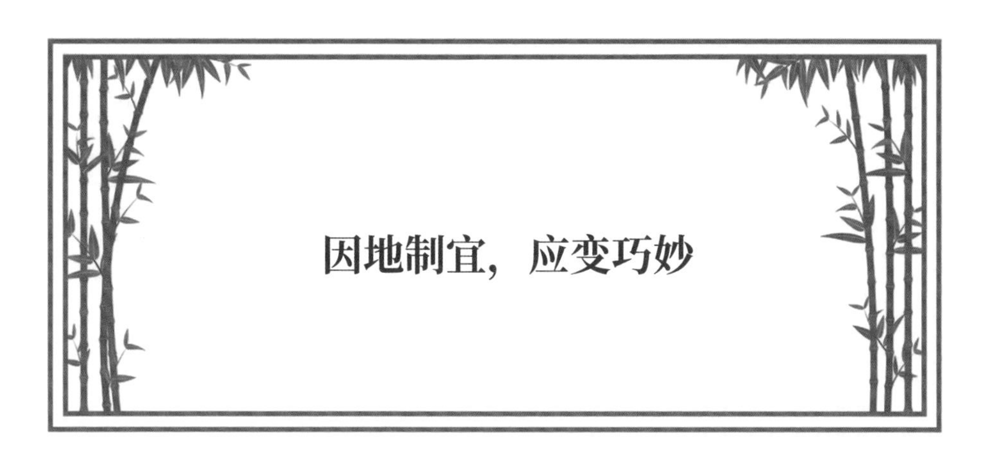

因地制宜，应变巧妙

林中暗问

在城市中寻觅一处静谧的后花园，让人得到片刻的休息，这样的宁静闲适是大多数现代人所渴求的。园林，永远是中国人的情结，是取之自然又高于自然的美。自古以来，不仅皇家兴建园林，商贾富豪也总是愿意把家宅变得宛如世外桃源一般。中国地大物博，各地不仅风土人情不同，气候环境也有所差异。那么，中国各地的园林又有什么不同呢？古人又是怎样运用自己的智慧将地域特色和园林景观结合在一起的呢？

中式园林并没有固定的形式，其表现形式与不同的地形条件、气候特点相关，比如山地的特殊建筑、因当地湿度而建造的吊脚楼、结合水面的水榭。

每一处园林都独具魅力，根据山水地貌的不同，所建造出的园林也各不相同。一方水土成一方园林，但都有其韵味。重要的是与自然环境相协调，做到你中有我，我中有你，相互联系，相互渗透。于是各地也在时代的变迁中形成了鲜明的特色，各成一派。

江南——精妙秀气

上有天堂，下有苏杭。自古以来江南就以秀丽的风光著称，那里的自然条件优越，苏州、杭州、上海、无锡等地都有许多著名的园林。其中，苏州有留园、沧浪亭、网师园等著名风光，朴素中又不乏细腻，精美却又不奢华。江南园林的风格自成一派，形态轻盈，室内外的空间通透敞亮，以开池筑山为主，并且各种雕刻与门洞的设置都极为精妙，令人感叹工艺之精湛。江南园林多水、竹、柳、荷等，符合当地的气候特色，景不在多，而在恰到好处。例如，拙政园曾是一片水洼，建造园林者选择将水洼变成池水，成就了拙政园最为出色的中园，这便是完美利用了地形。

鸟瞰江南园林

苏州拙政园的建筑与池水

江南一带风景秀美，四季气候温润，植被丰富，因此水景和花木的运用在园林中十分常见，使园林富有野趣。江南水乡多水，水景在园林中往往为主景，与山石相映，显建筑之多姿。太湖奇石植立庭中，又有叠石成山为辅，颀秀玲珑。江南的土壤适合花木生长，并且绝非毫无章法。每种植物有其不同的用处，比如高大的乔木用来遮阴，形态婀娜的柔柳用来观赏，花果为气味和颜色上的辅助，令游人可以从多方面欣赏美景。

北方——气势恢宏

北京、开封、西安、洛阳等地也有许多著名园林，而北京作为拥有三千多年历史的古都，成了北方园林的中心。北方地域开阔，空气干燥，民风粗犷。特别是历史古都有许多中轴线和对景线的运用，也就是以对称来体现

北海公园琼华岛与白塔

皇权特有的仪式性和震慑性。北方园林建筑形式封闭、厚重，色彩纯粹而华丽，能够让看客感受到富丽堂皇、典雅严谨的气度。因北方土地辽阔，民风豪放，所以园林通常规模浩大，面积广阔。不过大多水面不大，这也是源于北方水源和水量的限制。崇山性在北方园林中多有体现，这里的园山往往令人一眼就能看到，面积较大，十分雄伟。比如，北京北海公园的琼华岛和恭王府的假山，都为当地一景。

因北方冬天寒冷，所以植被的耐寒性也要纳入考虑范围。四季常青的松柏被广泛使用，报春的柳树也较为常见。

北方的皇家园林相较南方来说气势恢宏、占地广大，蓝天白云之下，金碧辉煌，显示出海纳百川的气势。

岭南——朴素淡雅

岭南园林以广东顺德的清晖园和东莞的可园为代表。岭南一带的园林多为此地的富商所建，因此大多数是宅园，规模没那么大，多分布于广东、福建等地。

广东的亚热带气候能够形成遍地奇花异草的风光，并且一年四季皆是绿

广东顺德清晖园

色。这里的园林也呈现出多元化色彩，同时吸收了北方园林的华丽、富贵和江南园林的朴素、典雅，在造园手法上与西方的风格糅合在一起形成了轻巧明快的风格。

东莞可园

不过岭南园林也并没有失去自己的特色，多以青灰色砖瓦做建筑材料便是它的特点之一。这也使得它具有朴素淡雅的感觉，使人耳目一新。因为岭南园林大多是与宅院结合，规模较小，所以常常利用障景的手法使空间层次变得更为丰富。与此同时，利用园林以外的景色来开阔视野也是常用的手法。

岭南的气候受惠于季风，山清水秀，四季葱茏，因此这里的自然园林自成一派。轻盈自在是岭南园林的特色，很少改造园里的山水，比如桂林园，山就是山，水就是水，一切为自然。

水体自然，趣味无穷

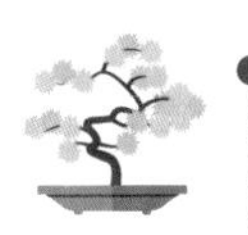

林中暗问

“水令人远，景得水而活”，园林中的水景仿佛托举起缥缈于尘世的灵魂。水景于整个园林景色都是非常重要的，能对比衬托出园林的不同环境，也能赋予园林自己的特色。那么，园林中的水景又有哪些奥秘呢？它们又是如何富有感染力的呢？

建筑与水体相互依存，满足人的亲水性。亭台楼阁在水的衬托之下也更加灵巧生动，让人感受到它的感染力。园林中的水景可分为旷与奥，旷者宛若大海般开阔，奥者绵延不绝。旷与奥没有优劣之分，只有合不合适，但最忌讳的是不伦不类，毫无美感。

无锡寄畅园

对园林水景的成功设计，能在很大程度上提升园林整体的美观度。

比如说清代乾隆皇帝的无锡寄畅园八音涧，将嘉善西北部的泉水引入园中，形成曲涧、清潭、飞瀑、流泉的八音涧特色。将流经墙外的二泉伏流接引到假山之中，屈曲幽深，仿佛无路可走，然而又豁然开朗、绝处逢生，若在其中漫步，便只有水声和足音，令人感到飘飘然的清净与宁静。

斗折蛇行，明灭可见

水可借山峦起伏之势，也可柔石泥之型。

小溪形式的水景如同一条缎带，在阳光下熠熠生辉，将园林中的各种建筑联系在一起。空间错落复杂，但具有系带作用的水景使其混乱中有序，将散落的景点统一起来，犬牙差互，时隐时现，空灵峻美，缓急有度。

水的形状全都取决于岸的形状，岸边的用石也该统一，而不是黄石和湖石混用，徒增不伦不类之感。

泉水流淌，独具意境

泉水能托举起整个园林的韵味，其形态和声响也能引人注目。不仅如此，生态气候上的作用，能够增加空气湿度，还能降低噪声。

与此同时，人类本身有着对水的喜爱之情，不管是观看水景，还是触摸水，或是在水边吟诗作对，都是一种乐趣。

在苏州古典园林中，有山石做悬崖状，清泉在湖石上跃了三跃，而后奔流而下，迂回于峰峦之间，隐藏于花草之中。此为泉水之畅快与韵味，使游客沉浸其中。

听泉音、赏名泉，泉水的设置往往借助山石，使其百折千回，叮当作响。还可引导游人寻水而去，欣赏沿途美景。

苏州墨客园

峦峰秀丽，星罗棋布

跨越时空的相遇

林中暗问

如果你对古文字有所了解，就会发现秦汉时期是假山现身于园林之中的开始，从用土堆积到用石头构建，假山文化也变得越来越丰富。魏晋时期，许多著名的山水诗和山水画带动了园林中假山的建造，专门建造假山的工匠也纷纷出现。宋徽宗曾大兴花石纲，带动民间赏石造山的风气。那么，现存的假山名园都有哪些呢？它们都是如何融入环境中的呢？

假山根据材料或是施工方式的不同，也会有不同的称呼。比如，园山、厅山、土山、石山、峰、峦，都是假山的名称，除此之外还有数十种。山水呼应，才能极具美感。

苏州环秀山庄

苏州的环秀山庄、上海的豫园、南京的瞻园、扬州的个园和北京北海的静心斋，都以独具特色的假山名扬天下，各有各的特色。假山除了造景，还有挡土、护坡等功效，减少人工气氛，增添自然生气。

“园”来如此

园林中的假山

假山根据材料或是施工方式的不同，也会有不同的称呼。积土而成的称为土山，累石而成的为石山，还有土石相间的，如果土多，就称为土山戴石，石多则称为石山戴土。按施工方式可分为版筑土山的筑山，

山石掇合成山的掇山、开凿自然岩石塑造成山的凿山，以及传统石灰浆塑成，现在用现代建筑材料水泥、砖、钢丝网等塑成的假山。

苏州留园中的假山

假山在园林中摆放的位置不同，用途也随之不同，因此也就派生出园山、厅山、楼山、阁山等不同的假山。

假山多由峰、峦、顶、岭、谷、壑等山体，以及泉、瀑、潭、溪、涧等水体构成。山环水绕，相互应答，才能取得自然之境。

片山有致，寸石生情

山体的形状千姿百态，最初很多是自然形成了奇特的形状，这样的奇石往往会成为人们所追捧喜爱的对象。经历过自然沧桑巨变，由风雨雕琢出来的石头具有自己独特的魅力。

广东顺德清晖园凤来峰瀑布

比如顺德清晖园的凤来峰瀑布，在正西部有一座用了两千多吨山东出产的花岗石堆叠而成的巨型假石山，是省内最高的以花岗石建造的假石山，山状如凤凰。

水往往环绕着山峰，而山峦和建筑也因为水而变得更加挺拔秀丽。假山虽假尤真，耐人寻味。

远看有势，近看有质

无论是一块石头还是一处花草，最重要的都是结合环境条件，找到最合适的位置，假山更是如此。假山摆放不能随心所欲，而应因地制宜，相地布局，将假山混于真景之中，彼此相融，更增情致。

将碎石材料一点点定型成具有美感的假山是一门艺术，是工匠们乐此不疲研究的课题。每一块石头都有它自己的纹路，那么如何将其整体结合起来，变成有起伏、明暗、虚实等韵味的假山，其中也有工程结构方面的技术。

首先基础一定要打牢，然后层叠而起，让石头之间互相固定，形成平衡，这样才能形成完美且稳定的结构，达到万无一失的效果。

取之自然，自然之美

掇山是常见的传统造园法之一，山体形象构筑取之于大自然中真正的山峰形象，峰峦沟涧，山川洞穴，都是它取材之处。但是，掇山实际上是再创造假山。从最初的选石，到运送石头，挑选合适的自然山石，再到后来的慢慢堆叠中层，结顶，每一道工序都不容忽视，都是掇山不可或缺的步骤。

苏州留园的冠云峰

置石的造景法也很常见。置石是以天然石材或者仿石材布置成自然露岩景观，为园林增加灵韵的造景法，与此同时，还能起到挡土和护坡等作用。置石虽然形式简单，但是饱含着意境，可谓是“寸石生情”。

石头在园林中的作用是不可忽视的，古书中曾经多次记载我国大自然中自然形成的、拥有独特的美感的怪石，有时还会成为贡品。唐朝的时候爱石

之风尤为盛行，明清时期发展到鼎盛，有“无园不石”之说，苏州清代织造府的瑞云峰、留园的冠云峰、上海豫园的玉玲珑和杭州花圃中的皱云峰等江南名石，至今仍可见其风采。但其中最为古老的是无锡惠山的“听松”石床，上有唐代书法家李阳冰镌刻的篆字“听松”，是传世的奇珍。

杭州西湖曲院风荷的皱云峰

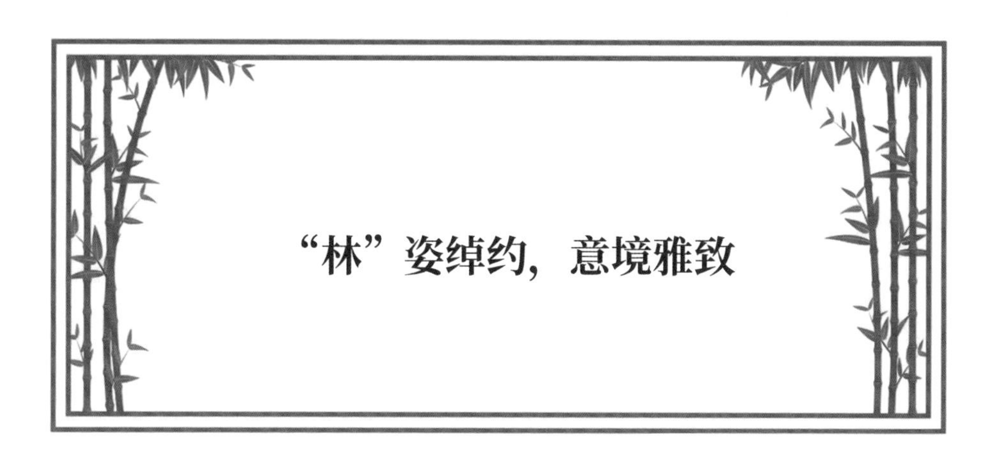

“林”姿绰约，意境雅致

林中暗问

园林中的要素有花木池鱼、建筑与垒石，其中花草树木的作用就是让园林生机勃勃。所谓园林，自然不能仅有“园”而无“林”，因此植物景观也是不可忽视的。建筑可以几年中完成，参天大树却不能一夕之间长成。绿树成荫，草木掩映，都是需要时间的。那么，园林中植物的生长到底应该怎么规划呢？怎样才算是合理呢？

“野芳发而幽香，佳木秀而繁阴”

“野芳发而幽香，佳木秀而繁阴”，形容的就是花草与树木之间的紧密配合，能给观赏者带来极大的愉悦感。树丛之间的组合，园林的色彩，平面与立体的构图，都是需要考虑的，每一个细节都会影响整体的意境。

首先就是要遵循植物的生长习性，无论是乔木、灌木，还是花卉、草皮，其观赏性与生命力都要在适应了园林中的环境之后才能完整发挥出来。植物是园林的重要组成部分，所以植物的配置自然也不能马虎。而植物的配置包括植物之间的配置与植物跟园林之间的交相掩映。

其次就是注重植物与园林其他建筑内容的配合，在很多园林中都能看到花草掩映的潭水和杨柳低垂的水岸，或者长在回廊中的兰花，颇具有美感。

“春花、夏叶、秋实、冬干”

草木有四时荣枯，所以自然不可能一成不变。随着季节的变化，有些叶子的颜色会有变化，有些树木干脆变得光秃秃的。因此，合适的季相也很重要。

所有的美景都并不是平白得来的，全都需要精心照料才行。比如说低温和干旱会导致草木的花季推后，而枫叶也并不总是在固定的时间点变红，而是要昼夜温差大才可以。如果霜期过早，叶子有可能在变红之前就落尽了，这样的话人们所期待的秋色就会落空。

季相是个很复杂的事情，但是随着技术手段的进步，现在人们已经可以人工控制植物的季相变化了。有时为了展览，可以让不同季相的盆栽植物在同一时间开花，达到色彩明艳、争奇斗艳的观赏价值。

花往往会给人时令的启示，比如说春天的迎春花、夏天的荷花、秋日的菊花、冬天的腊梅，这些都会给人鲜明的季节感受，独具特色，因此园林中一般都要具有四季的景色。但局部总是着重强调某一个季节，否则就会太过

杂乱。单一种类的植被反而看上去更加美观，例如春赏杭州苏堤桃柳，夏赏西湖曲院风荷，秋有满城桂子飘香，冬有孤山踏雪赏梅。

杭州西湖绿柳成荫

如果是为避免花期不同引起的青黄不接，可以栽种花期不同的树木，还可以在其中增加常青树，这样可以极大地延长观赏期。

比如无锡的梅花丛中就栽种了桂花，这样春天可以看梅花，秋季就可以赏桂花，冬天的时候也并不会看到光秃秃的树枝，而是桂叶长青。杭州花港观鱼的牡丹园中也并非仅有牡丹这一种花，而是同时配有红枫、黄杨、紫薇、松树等，这样可以保证园林中一直有着良好的景观效果。

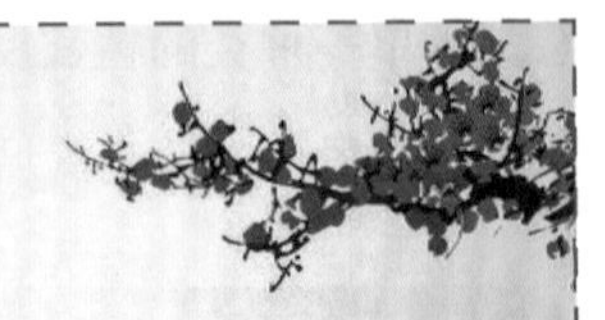

“园”来如此

植物景观最讲究的是季相，天王院花园子中池亭皆无，却坐拥牡丹十万株，牡丹花开，其美艳无与伦比，这也是一种魅力；或者归仁园，则是利用了花的季相，让院子里一年四季都有不同花的花期，一年四季花草掩映，可谓是百花园。

苏州的拙政园更是根据建筑布局和季相种植了不同的花卉，如远香堂周围的梅树，东隅点缀着玉兰花和桃花，西边荷风四面亭边杨柳依依。整个拙政园中的亭台楼阁也多以植物命名，如“海棠春坞”小庭院，因其中有海棠与翠竹而得名，“梧竹幽居”正是静坐观竹的好去处，小桥流水，景色尽收眼底。

以植篱突出景物焦点

《诗经》中有“折柳樊圃”之说，这代表着中国在数千年前就开始将植篱应用在生活中了。

乔木或者灌木紧密种植而形成的绿篱也就是所谓的植篱，在园林中具有划分空间、围定场地、引导视线焦点等作用。比如说在喷泉的背后放置一块植篱，那么这块植篱就会成为喷泉的背景，人们的目光也就自然而然地聚集在喷泉上了。除此之外，近代也衍生出了许多高超精妙的种植与剪裁艺术，使植篱在经过修剪之后能够形成姿态各异、绵延起伏的园林景观。

植篱以高度区分，有矮、中和高篱三种。矮篱多用来围定园地，或是装饰；而高篱则用来划分空间和屏障景物。植物构成的高篱自有疏离，远比砖

墙富有美感和生机，无论当作背景，还是园林的隔断，都能感受到其带来的生机勃勃的清新氛围。

沧浪亭植篱

“园”来如此

早在几千年前植篱就已经存在，不过那时的植篱并不是用来装饰，而是作为菜圃的围栏。那时候的人们还没有想到植篱的观赏性，而是更注重它的实用性。早在 16、17 世纪，欧洲庭院中就广泛使用植篱作为道路和花坛的镶边。到了 17—18 世纪，植篱拥有各种形状，被做成雕塑使用，经常被修剪成鸟兽形状，或是仿照皇家园林和大型私人园林的整形式花园，将黄杨等常绿植物修剪成窄篱，根据需要做成各种几何形状。

进入 20 世纪，植篱应用得越来越广泛。植篱的主要作用是划分空间，分割视野，使园林更有生气。相比于石墙或是围栏，植篱更能烘托出整个园林的氛围。当其作为水景的背景时，画面美好柔和，令人驻足。

现代的绿篱常常加入更多趣味，比如修建成迷宫。

巧用花坛，衬托花卉之美

除了自由生长的花草与沿岸而种的树木之外，花坛也是园林中不可忽视的景色。花坛有平面和立体两种，也可以按四季分为春、夏、秋、冬四种花坛，或者说按照其中种植的花草种类不同来命名。花坛的种类繁多，比如说花丛花坛的表现形式，就是中央高四周低，更显得百花争奇斗艳之美。

绣花式花坛多栽种形体矮小、色彩斑斓的观叶植物，其叶子拥有靓丽的花纹，并且不受花期限制。还常常搭配花小密集的矮生草花，让观赏期更长。随着现代技术的进步，还出现了移动花坛等新型花坛。

明暗交错，梦幻神秘

跨越时空的相遇

林中暗问

你知道吗，无论是苏州的拙政园，还是北京的颐和园，在很多著名的园林中都运用了或是欲扬先抑、先藏后露，或是阴阳调和、相辅相成的设计手法，正是因为造园者对这些设计手法的妙用，才让我们在游赏园林时经常能产生明暗交错的梦幻之感。你是否也曾有过这种感觉呢？

欲扬先抑，先藏后露

一个园林的空间处理是非常重要的，这在中国古典园林的营造中展现得淋漓尽致，大小开合，明暗高低，富有变化，在进入大型园林之前，常设

狭窄幽暗的小空间作为过渡。这样做是为了使人们的视觉和尺度感内收，也就是说，故意压缩人们的视角，这样在真正进入园林的时候，就会有豁然开朗之感。这与为了让水面显得更大，而在旁边摆放小石头的设计有异曲同工之妙。

峰回路转，前面豁然开朗。

扬州个园

比如说苏州的拙政园，从前是一片洼地，积水弥漫。但是，园林建造者并没有选择填平洼地，而是运用了地势，将洼地积水成池，并且在周围佐以树木掩映，这样一个以水景为主的风景园就建成了。但是，一个园林自然不可能一览无遗，通过桥梁的连接，辅以松冈、山岛、竹坞、曲水，拙政园就这样被分为了三个部分，并且东、中、西各有特色，彼此又没有失去联系，而是相得益彰。

拙政园在院落的组合上采用自然构图方式，因地制宜，如同案上的山水诗文，进行舒展开合，遵循着画意的远近高低和明暗虚实，以求“师法自然”，使园林自然体现出淡泊恬静的艺术特色，从而实现移步换景、小中见大。围绕景区铺陈，设计出连续而流动的观赏路线，将各种园林景色进行统一协调，制造人在画中游的效果，引导游客去观赏。游览的过程如同看戏，序幕拉开，景物缓缓铺陈发展，有转折，有突起，有尾声，循序渐进展现含蓄之美。

赏“园”乐事

苏州四大名园之首——拙政园

拙政园是最为著名的一座苏州园林，已被列入世界文化遗产名录。它与北京颐和园、承德避暑山庄、苏州留园并称为我国四大古典名园，被誉为“中国园林之母”；又与狮子林、沧浪亭、留园统称“苏州四大名园”，是苏州园林中面积最大的古典山水园林。

拙政园始建于明正德初年（16世纪初），风格简约淡然，朴素大方，布局主题以水为中心，池水面积约占园林总面积的五分之一，各种亭台轩榭多临水而筑，全园占地约为52000平方米，分为东花园、中花园和西花园三个园区，每个园区设计巧妙，各具特色。东花园场地开阔，布局舒朗，中花园的景观是全园重心之所在，西花园则以建筑精美著称。拙政园中比较著名的景点有远香堂、留听阁和三十六鸳鸯馆等。

远香堂为四面厅，是拙政园中部的主体建筑，为清乾隆时所建，它临水而建，面阔三间，池水清澈见底。夏日，池中荷花婀娜多姿，接天连日，荷香满堂，美不胜收，是赏荷的佳处。

留听阁为单层阁，体型轻盈，小巧别致，四周开窗，是赏荷听雨的佳处。阁内置有松、梅、竹、鹊飞罩，设计独特，构思巧妙，是园林飞罩中不可多得的精品。

三十六鸳鸯馆为西花园的主体建筑，以隔扇和挂落为界限，可将此馆分为南北两个部分。南部名为“十八曼陀罗花馆”（因曼陀罗花而得名），北部名为“卅六鸳鸯馆”（因临池曾养三十六对鸳鸯而得名），是一种鸳鸯厅形式。

苏州拙政园留听阁

阴阳调和，相辅相成

老子说“万物负阴而抱阳，冲气以为和”，在他眼里，“有”和“无”是一个和谐的整体，如同一个硬币的两面。其实建造园林也是这样的，中国的园林建筑有许多优秀的典范，无论是皇家园林中的承德避暑山庄、北京颐和园，还是私家园林中的苏州拙政园，在阴阳调和方面都有异曲同工之妙。为什么这么说呢？假如说把纯人工的建筑看作阳，而把自然的景色看作阴，那么自然的景色太多，园景则会显得荒凉，也就是阴盛；如果人工的建筑太多，则会过于矫揉做作，此为阳旺。

因此，无论是在中华医学中，还是在宇宙真理中，或是园林建筑中，阴阳调和都是不可忽视的一部分。无论是怎样的建筑风格，什么样的亭台楼阁，最重要的都是合适。轻重、大小、相辅相成的关系，最重要的都是协调。

老子认为，两个动态的对立力量和谐而又统一地生存在一起，就形成了空间。它们在相互依存中相互转化与作用，又彼此交换。这种概念世世代代地影响着中国人，在中国人的血脉中生根发芽。于是，我们中华民族就这样形成了与其他民族截然不同的审美意识和价值观念，继而产生的文学艺术形式也就独一无二。这一特点在园林中也有很多体现，正如上文所说的阴阳调和，和谐统一是永恒的主旨。

中式园林往往在整体规划布局的时候就将空间组合拟定在游览路线上，然后再慢慢地推近镜头，展示空间。就好似逐渐展开一卷画卷，有次序且又连续性地看到景物展现在眼前，这样的展示就构成了独特的空间序列。

空间序列的组织，简单来说，就是设计游览路线，根据不同的游览路线组织形式，可将空间序列的组织分为两种。

串联的规整形式

传统的宫殿、寺院及民居建筑的空间非常规整，但园林建筑空间序列则要在规整中求得变化，让游园者感受到美的陶冶。北京故宫的乾隆花园就是这样，虽说五进院落沿一条轴线展开，但是它们的大小、旷奥、景素等各不相同，互为对比。阴阳错落，节奏鲜明，空间序列变得灵活，而不是死气沉沉。因此，第四进空间院落便由于异军突起的符望阁而脱颖而出，成为焦点。北京颐和园万寿山园林空间也是如此，跟乾隆花园属于同一类。

北京故宫乾隆花园一隅

闭合的环绕形式

闭合的环绕形式在皇家园林和私家园林中应用得都很广泛，比如苏州网师园、畅园，颐和园中的谐趣园、画中游等都属于此类。此类空间序列组织

形式的园林多沿周边布局，中间围成了以水面布置的巨大的空间。

这样能收到隔离和通透的效果。开阔的水面扩大空间，让园景更为秀丽。出入口隐于一隅，以山石遮挡视线；以游廊修饰入园路线，曲径通幽，进入园的中部，眼前豁然开朗，形成观景高潮；然后转折，进入尾部狭小空间。这样的妙处是疏密有间，还能令人在廊桥林木中穿梭时感受到心情的跌宕起伏与惊喜之情，实在是精妙绝伦。

第三章

远近高低，错落有致

快来一览中国园林的别致风情吧

中式园林建筑是我国传统建筑中的瑰宝，它是微缩的自然景观，将自然山水铺陈于庭院之中，显示出天人合一的建筑理念。园林之美，贵乎自然。无论是空间组合，还是疏密有间的建筑布局，又或是掩映了四季流转，将造化万物山水灵气置于一方庭中，都在千百年演变之中，形成远近高低、错落有致的风格，体现着“源于自然又高于自然”的建筑思想，以“虽由人作，宛自天开”为审美旨趣。它是中华文化的内蕴的产物，也是五千年时光所缔造的艺术珍品。在中国园林的身上，体现着中华民族内在精神品格的玲珑写照。

或旷或奥的空间处理

跨越时空的相遇

林中暗问

中国园林是中国人内心的后花园，盛放着人世极致的美好与精粹。它的玲珑有致，它的疏密有间，它的花木扶疏，都让世人心向往之。有无数人拜倒在它令人心醉的空间艺术处理方法之中。那么，什么是园林的空间处理呢？

中国园林艺术的核心是对其虚与实、明与暗、内与外、静与动、开与合、旷与奥等内部空间关系的处理，从而衍生出蔚为大观的园林建筑。

传统空间观念

我国的先民在很早的时候，就明白了建筑的奥秘。建筑既是为了安放尘世的肉身，获得休养生息的所在，也是为了涵养性情，安放灵魂，因此先民们很早就明白了空间置景之美，并且历代的文人墨客充实和发展了关于园林建筑的论述，相关歌颂园囿之美的诗文更是数不胜数。相较于实际的建筑，空间有着更大的发挥余地。

跟西方人和现代东方人对空间一词的理解不同，古人眼中的空间，指的是物质元素之间的空隙。园林不仅仅是一个建筑学概念，而是上升到宇宙和自然。这种观念形成了中国人独特的审美意识，千百年来，园林的构筑潜移默化地影响着中国人的价值观念和艺术创作，从而形成了独具魅力的中华园林文化。只有了解这一概念，我们才能清晰地认识到中国园林之美，了解这种千百年后依然光照世间的建筑瑰宝的无穷魅力。

千姿百态的空间形态

中国园林艺术的空间形态之美源于自然，是在自然景物的基础之上，以中国人特有的审美思维，将其抽象化和概念化之后的产物。唐代文豪柳宗元对自然空间有过一个精准的定义：“旷如也，奥如也，如斯而已”。在这里，他将园林分成旷与奥两大类。旷是敞，奥是闭。纵然千变万化，也只是旷奥的呈现。

在旷和奥的基础之上，中国园林根据功能、环境和审美特征的不同，又衍生出很多不同的形态，归纳起来，可分为三类。

内向型空间表现

这是最典型的一种园林空间，最常见的就是分布于大江南北的四合院。庭院居中，由建筑、走廊和围墙拱卫，以山水、小品和植物点缀四周。将多个单体功能建筑进行有机组合，拓展了室内空间和功能，打通里

外居住空间，因此受到人们的普遍欢迎。根据气候的不同，展现出不同的面貌。北方庭院讲究整齐划一，庄严肃穆。南方的庭院则如同水墨画一般，清灵俊逸。在中国，私家园林连接住宅，皇家园林连接宫殿。在布局上，“井”“院”“庭”“园”等都是常见形式，共同构造出巧夺天工的精美园林。

北京颐和园佛香阁四合院建筑

外向型空间表现

这种园林多依山而建，常见于山顶和山脊、岛屿、堤桥等地，利用周围开阔性空间，居高临下鸟瞰世界，将周围景色揽入怀中。多为亭台塔榭的方式，既满足观景的需要，又满足造景的需要。外向型空间具有开敞性特点，自然风景园林或者园内有真山真水的园林较为适宜。后者在占地广大的皇家园林中较为常见，私家园林只是偶尔一见。

内外型空间表现

内外型空间是中国园林应用最多的一种表现形式，无论是将庭院围在其中，还是坦露在外，内外皆有美景。既能对内赏景，感受内庭中的幽雅宁静，又能坐在居室中仰观俯察，看四时美景变化。这样的空间置景，构造小而美，内有大乾坤。

不同的空间处理手法

园林体现于造型的别具匠心，还体现在内部空间的巧夺天工。细细推敲起来，要营造出人工胜似天工的园林，就要处理好虚实明暗、内外静动、开合、旷奥的关系。只有将这些关系运用之妙存乎一心，才能创造出天人合一、浑然一体的空间艺术。中国园林艺术的空间处理手法主要有两种。

以小衬大，形成空间对比

对比法存在于一切门类的艺术之中，也是中国园林空间处理的基本手法之一。这种手法处理起来原理很简单，就是将两个以上的空间放置在相邻的位置上，形成的相互关系就叫作空间对比。

角度不同，可以分成不同景区和建筑群之间的空间对比，如景区内不同建筑群之间的对比，建筑群之内单个建筑之间的对比，以及庭院和庭院、建筑和自然空间的对比。从空间形式上又大小和虚实相对。空间不同的形体之间，形成闭锁和开敞、内聚和外向的空间对比。

疏密相间，增强视觉美感

园林空间处理贵在疏密相间，过密令人窒息，过疏又无法聚气。在园林布景中，要做到疏密相间。密的地方太密，则少空灵曼妙之态。疏的地方太疏，就一览无余，少风流蕴藉之致。

疏密的变化，展现出黑白分明的效果。众多的景物和建筑，星罗棋布于园林之中，疏密相间，旷奥相从，如同一串优美的音符，给人极强的视觉美感。

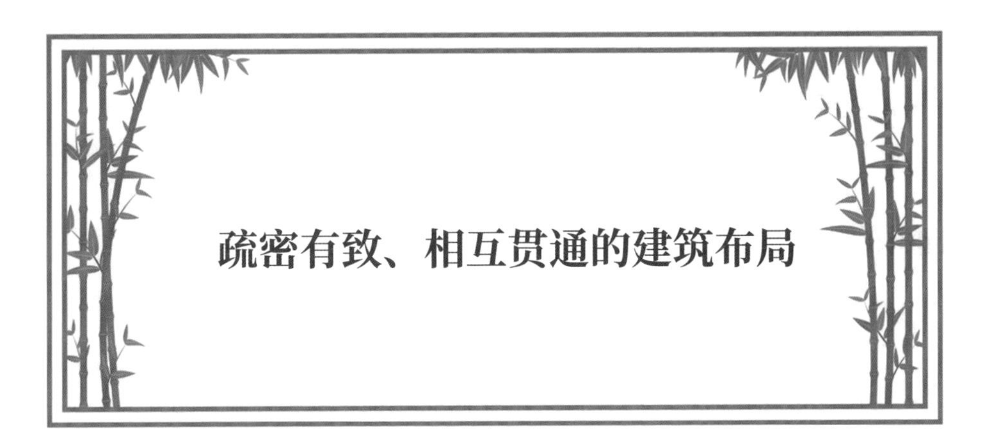

疏密有致、相互贯通的建筑布局

跨越时空的相遇

林中暗问

中国园林崇尚人与自然的合一，以期达到“虽由人作，宛自天开”的效果。园中以建筑物为主，杂以山石林立，池塘开凿，名贵花卉，文人歌咏，共同构筑出如诗如画的旖旎风光。那么，它们都是运用什么样的布局手法呢？

中国艺术创作讲究“意在笔先”，下笔之前，要先有全局构思，做到胸有成竹，才能一挥而就，达到“心明”的目的。中国园林的设计者，大多都是“能主”之人。设计者不是一个，而是一群，尤其是传统园林，大多是文人、画家和匠人通力合作的结果。

园子的好坏，取决于造园者水平的高低。如果是一般的建筑，设计者的作用可能只占 70%，但在园林建筑中，设计者的作用能占 95%。

园林的优劣，体现的是造园者美学和思想艺术境界的高低，需心有丘壑之人，方能因地制宜，选择合适的造园地点，进行布局。

园林的布局形式有哪些呢?

园林的布局，就总体而言，可以分为规则式、自然式和混合式三种形式。

规则式也称几何式，西方园林直到 18 世纪前，都是规则式园林的天下，我国的天安门广场园林和南京中山陵园林也是规则式园林。规则式园林多沿中轴线对景物进行排列，采用大型喷泉和标准式花坛，各种建筑、水体井然有序，给人庄严之感。

南京中山陵园林

自然式园林又称为风景式园林，是我国应用最为广泛的一种园林构造。自有记载的周秦时代以来，无论是恢宏的皇家园林还是工巧的私家园林，基本都遵循此建筑理念。自唐代开始传入日本，对日本园林构建影响深远。

第三种是混合式园林，指的是布局中的规则式与自然式比例相差无几的情况。这种布局很灵活，地面平坦就做成规则式；如果地形不平，还有丘陵和水面可供利用，自然式就更方便设计，植被少的又可做规则式。面积大的园林以自然式为宜，小面积的规则式更佳。街心花园等城市园林以规则式为宜，小区和机关大型建筑物前的绿地则采取混合式。

如何设计出精妙的园林布局

虽然园林布局的形式不尽相同，但都要遵循一定的原则。

因地制宜，顺势而立

因地制宜，也就是从实际出发进行布景。地势高低，水流石柱，相互凭借，互为借势，共同成就一幅和谐的盛世园林图景。

园林有内外，景色无远近。因此，在因地制宜的同时，还要注重内外结合，顺势而立，上下左右互相协调，共同构筑精巧的园林。这种构园法，直到现在也被人奉为圭臬，并因此产生很多佳园。

依山傍水，围合为主

中国园林注重围合，呈现出一种闭合式的造园方式，这跟中国人含蓄内

敛的性格是有关系的。纵观广大名园，很容易发现中国园林多按照围墙—建筑（山）—水—山（建筑）—围墙的方式进行。布局则往往是依山傍水，尤其是沿着水面布局，采取向内开敞的方式，营造出水天一色的境界。

✕ 清晰边界，追求自然

园林是因地制宜的建筑艺术，陆地和水面、山巅和天空、平地与山坡等边界被视为最重要的交接部。而布景的时候，往往也要选择最适合的交接部规划园林，呈现出最佳的艺术效果。

中国园林不是突兀地置景构园，而是追求与大自然的合一。建筑往往要依据山水走势进行营建，形成曲径通幽、步移景异、人在画中游的效果。要做到这一点，布景就不能按照一条中轴线去对称分布，而是要采取平面曲折、高低错落的手法。

✕ 轴线清晰，轮廓分明

园林的布局是宏观性的处理，高屋建瓴串联起整个园林要素，由此及彼、由表及里地渗透至其他布局之中，从而纲举目张，对整个园林的布局进行周密安排。

园林的设计可以包罗万象，气象万千，但是其总体的布局则应体现出一条清晰的轴线。这并不是说园林都要整齐划一地按照中轴线排列，实际上，在规则式的园林中，大小景物山石可以按照中轴线依次布局，但是一些活泼的布局则不必严守此意，既可以采取直线，也可以选择曲线，或者是其他符合园林气度的安排。轴线能够体现出庄严的秩序之美，看起来较为均衡。这样人很容易理清整个园林的轮廓脉络，从而找到其布局的条理。

强调重点，突出主题

文似看山不喜平，作为艺术品类之一的园林建筑也是如此。园林最怕落入俗套，看起来面面俱到，实际上是眉毛胡子一把抓，没有高潮和重点。

一个园林中，高潮就是它的主体建筑。如果是皇家园林，宫殿就是其主体；如果是寺院，佛殿就是其主体；如果是私家园林，正厅就是其主体；如果是现代园林，厅馆即是其主体。主体建筑是一个园林的灵魂所在，主体建筑的好坏，决定了一座园林立意的高低。

如果把园林比喻成一个风姿绰约的少女，那么这少女是素面朝天的。只有对重点部分加以仔细雕琢和锤炼，才能更加增添她的秀美。重点部位在园林中，多体现在山体和水体的应用方面。如果园林有山，就多了灵秀之态；如果园林携水，则更添摇曳生姿之势。

有了主体建筑和山水相伴，就势必要衍生出与之相协调的陪衬建筑，以产生主次和强弱的对比，形成主体和重点部位的环抱态势。园林是富有变化的艺术，主体建筑为主，或者是重点部位为中心，都能衍生出不同的风物，

北京故宫角楼

带给人不同的美感。一个园内如果区域和功能不同，也会造成不同的主体形象和重点部位。但是，万变不离其宗，无论园林造景如何变化，都该有一条提纲挈领的主线，以衬托园林的宏美与内秀之美。

多维调和，把控全局

跟世上的一切建筑一样，园林中各种点线面关系也需要调和，达成一个立体、空间、多维的状态。园林呈现的效果，跟人所处的位置密切相关，仰观俯察，角度不同，视觉各异。仰观觉天地为之一宽，俯瞰则有目不暇接之感。亭台楼阁点映在景点开阔处，过多显得杂乱，太少则缺少点睛之笔；小径幽溪之类则应若隐若现，掩映于楼阁之间，不应招摇过市，太过一览无余。

体量大的山体建筑，要如卧牛高低起伏，不拘定形；水面和池面则大小散落如同珠链崩散，珍珠撒满一地，才有宛转曲折之美；丛林切勿大起大阖，而是疏密有间；草坪应有灌木名花奇石为伴，不宜光秃秃一片；建筑群体总体要如少女体态，婀娜多姿，不宜死板呆滞。总体的布局如同一曲绝世的古琴曲，高低起伏，错落有致，把控全局，才有大珠小珠落玉盘的美感。

赏“园”乐事

苏州网师园

苏州网师园是江南私家园林的佼佼者，由宅第和园林构成，东宅西园，全园布局外形整齐均衡，内部又因景划区，境界各异。园中部突出

水面，以假山构筑，池周的亭阁小巧玲珑，有小、低、透的特点。园林的平面呈丁字形，主体居中，建筑物沿着水池四周安排，可谓“旷奥相济，欲扬先抑”。

苏州网师园一隅

园东北角，耸立着后楼和集虚斋、五峰书屋等高大的楼房，尺度并不理想，遮挡也不容易。匠师们就在楼房前面建置一组单层小体量廊榭，使其与楼房构成参差有致的建筑群。不但弥补了尺度失调的缺陷，还形成中景，反而增加了景物的层次感。

网师园占地仅 8 亩有余，是江南中小型园林的代表。有限的空间内，包罗万象。有亭台楼阁，有小桥流水，同时满足居住和观景两方面要求，历来以建筑的精巧和布局空间尺度的协调而广受赞誉，网师园也成为旷奥相济、着微见著的江南园林的构造佳例。

苏州网师园内部陈设

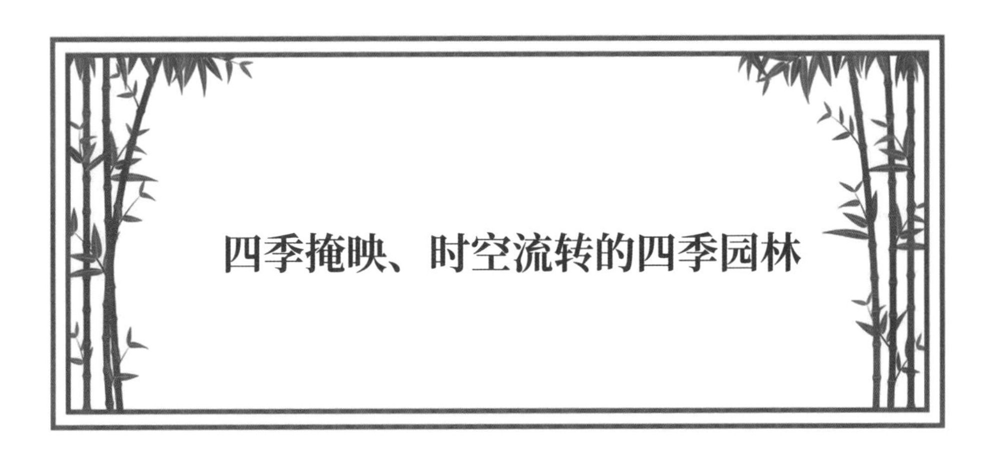

四季掩映、时空流转的四季园林

跨越时空的相遇

林中暗问

春有繁花，夏有荷田，秋有红蓼，冬有梅香。中国园林的极致之美，就在于它的四季掩映和时空流转。一个季节有一个季节的芳华，一个季节有一个季节的精彩。这些四时的轮转，对应了中国人的性格，沉淀了五千年文明之美。那么，你领略过园林的四时之美吗？

“园”繁体字是“園”，外圈“口”是围墙，“土”是建筑，“口”是池塘，剩下的笔画则是树石。现在写成“园”，不如繁体字直观，但依然能够看到园林四时季节转换的一鳞半爪。

中国人讲究以小见大，以少胜多。园林里面的一棵银杏，就是现实中的银杏树林；片石短溪，就对应着一山一水。大概是我们有着漫长的几千年农业文明的缘故，文化里对季节格外敏感。园林也是如此，四时轮转，总有不同的美。

中华园林，其实就是把大自然浓缩于方寸之间，一枝一叶中的斑驳感和沧桑感，正是四时流转的季节的最佳体现，因此获得一代代中国人的共鸣。

园林中四时流转，以植物的变化最为生动直观。春则花柳争奇斗艳，夏则接天莲叶映日荷花，秋则满城桂子飘香，冬则银装素裹梅花破玉。植物的荣枯为园林景观演变的四时变化提供了条件，在园林的营造中，设计者往往也重点考虑植物的种植，植物作为山川和建筑的辅助，犹如点睛之笔。

园林之美，在于春

一年之计在于春，春天是园林最美丽的季节。经历了一个冬天的储藏，园林的植物开始苏醒，竞相吐艳。古人注重以水为贵，中国的园林不分南北，大多临水而建。水面的薄冰开始融化，春水泛绿，别有撩人心处。

春日园林之美，在于那争奇斗艳的鲜花。

苏州拙政园中有海棠春坞与玉兰堂，这两处都是春日赏园之人一定要去的。

海棠最有名的为垂丝海棠与西府海棠两类，春日开放时娇艳烂漫，透过苏州园林中典型的漏窗、洞门观赏，别有一番风味。

春日玉兰冰莹洁白、清秀淡雅，与作起居与会客之用的玉兰堂庭院相结合，既有生活气息，又能衬托出环境的清幽静谧，令人忍不住驻足观赏。

荷田蕉廊自在香

到了夏天，尤其是盛夏的时候，园林变得更加热闹，蝉鸣蛙噪，满池游鱼，都为园林增加了无数生机。在夏天的园林之中，夏山更加苍润，夏天的水更为明洁。在丽阳照耀下，水里长出亭亭的荷叶，芭蕉舒卷着长长的叶片，岸曲水洄，似分似连。借景的机会多了，画面的层次也多了，水面和其他建筑之间的联系更加紧密，整个园林的气度更为协调。

夏天的时候，是紫薇花最盛的季节。夏季紫薇盛放，因此在园林中广泛种植。夏花能起到围合空间和组织道路的作用，可单独作为一景。由于花木扶疏，又引入了飞禽和走兽，因此整个园林的气韵更加灵活。

杭州西湖曲院风荷

夏天的园林里，池塘中的荷花给人四季中最蓬勃的美感。莲叶田田，莲花妖娆，人们行走在水面的拱桥之上，如在莲花中穿行。人比花娇，花映人面，清风徐来，沁人心脾。花中君子以其出淤泥而不染的高洁品性，感染着一位位前来游赏的人。

夏日荷田之景，以西湖的“曲院风荷”最为著名。

曲院中分布着众多大大小小的荷花池，里面栽种了百余种荷花。一到夏天，平静的湖面上荷叶田田，白的粉的荷花在水波的照耀下显得分外妖娆，美丽极了！

吹落黄叶满地金

园林虽然气质迥异，姿态不一，但是总体而言是娴静和蕴藉的，它的气质本性接近秋，也有着成熟的精神。

如果是秋天到园林之中，黄叶满地，秋风萧瑟，桂子飘香，秋意浓郁。园林除了四时轮转的景象之外，往往还能带给人的眼睛和心灵刹那间的触动。也正是如此，园林被赋予了特别的人文含义。它虽然是人工山水，但其中蕴含的人文精神达到即便天开也无法企及的某种高度。

观园林之秋景，一定要去北京的静宜园和苏州的留园。

静宜园，也就是北京西北郊的香山，这里的红叶闻名中外，是秋日赏红叶的四大胜地之一。

静宜园栽种了几万株黄栌树，一到秋天，黄栌树叶红艳似火，这时候如果一阵微风吹过，漫山遍野的红叶纷纷落下，远远望去，像极了一片片飘落的花瓣，那场景真是犹如仙境！

苏州留园秋景有两大看点，一是假山上著名的古银杏，二是闻木樨香轩的桂花。

留园内自绿荫轩往北有一水池，水池边的假山上屹立着三颗树龄已有几百年的古银杏。

这三棵银杏树干高大挺拔，树叶随着四季变换各有不同，春天新芽点点，嫩绿的颜色令人心情无比舒畅。夏天枝叶茂密，给人带来难得的夏日清凉。而秋天正是银杏树最美丽的时候，满树叶子都变成了金黄色，金灿灿的叶子在阳光的照射下，也发出了耀眼的光芒，十分摄人心魄。

闻木樨香轩栽满了桂花，每至深秋，桂花开放，秋风吹拂，浓郁的花香在园林中的山水丛林中幽幽飘散，正如轩前所题："桂花香动万山秋"。如此美景，怎能不令人为之沉醉？

秋至留园

银装素裹话严冬

冬日是萧瑟的，冬日的园林也少了平日的繁华与骚动。少了那些繁花和虫鸣，更有一层繁华落尽见真淳的意味。漫步冬日的园林，纵然收敛起一园的丽色，依然是移步换景，大树只剩下遒劲的主干，假山池水，亭台幽径，都展露出本来的面貌。疏离而不显萧索，沉寂中自有雍容。

冬日的园林，有着不一样的美感。需要有慧眼的人才能发现，这种美感，也是一种成熟的况味。冬天的园林，晴不如雨，雨不如雪，一场雪一下，就有了琉璃世界的圣洁。

大雪纷飞的季节，也往往是梅花满树之时。只要有落雪的气候，园林中就必然有梅花的一席之地。只等一场大雪降下，往日的花草树木都纷纷销声匿迹，只有梅花傲雪怒放，让天地间充满了幽香。雪后踏着积雪，赏一树红梅，别有一番韵味。

冬日要想领略园林中的梅花盛开之景，少不了要去杭州的超山梅园。

超山梅园历史悠久，据说从五代时期开始，这里就已经种植梅花了。

梅园中主要种植的是素梅，另外萼绿梅、铁骨红梅等其他各色梅花也有不少。冬日梅花盛开之时，嫣红的花朵在寒冷的天地间显得格外引人注目，那姿态既端庄淡雅，又有几分傲气与凛然，更令人心生爱意。

一到冬天，数万株梅花竞相开放，一层层，一簇簇，灿然若锦，云蒸霞蔚，十分壮观，令人不觉陶醉其中，乐而忘返。

“园”来如此

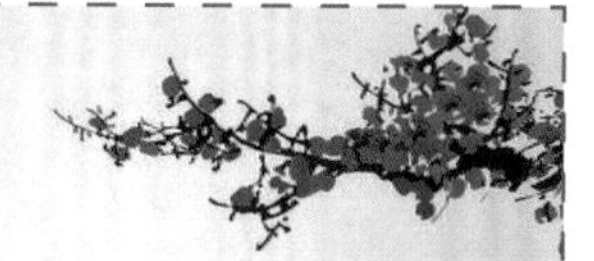

你知道吗，其实园林的四时流转，有时候不一定指的是具体季节的流转。绕着古典园林水面四周的景观走一圈，就有穿越四时的感受。

以留园为例，走过春天的“清风池馆”，就到了夏天赏荷的“涵碧山房”，到了“闻木樨香轩”的话，就有秋意扑面而来，站在“闻木樨香轩”往高处望去，可以看到赏雪的“可亭”。“春”“夏”“秋”“冬”之景相映成趣，大概只有妙法自然的中国园林才能做到吧！

第四章　亭台楼阁，廊桥馆榭

与我一同将中国园林建筑尽收眼底

如果说中国园林是“造园如作诗文”的诗情，是“植黄山松柏、古梅、美竹，收之圆窗，宛然镜游也”的画意，那么中国园林建筑就是这诗情画意的源头。从亭台楼阁到轩榭廊舫，从选址、布局到造景、融合，中国园林建筑无不展示着古人巧夺天工的技艺、寄情于景的浪漫以及天人合一的思想。

根据文化、地理位置的不同，中国园林建筑在其轮廓、体态、雕纹、色彩以及与周围景观和谐共存等方面都有着极为考究的制作工艺，皇室园林建筑气势磅礴，私家园林建筑则根据主人身份的不同或大气凛然或小巧别致。园林建筑是中国园林景观形成中不可或缺的重要组成部分。

看过曲径通幽的园林意趣和交错纵横、四时有别的园林布局，接下来，让我们走进林木山水掩映中的亭台楼阁，去感受那些别具匠心的中国园林建筑吧！

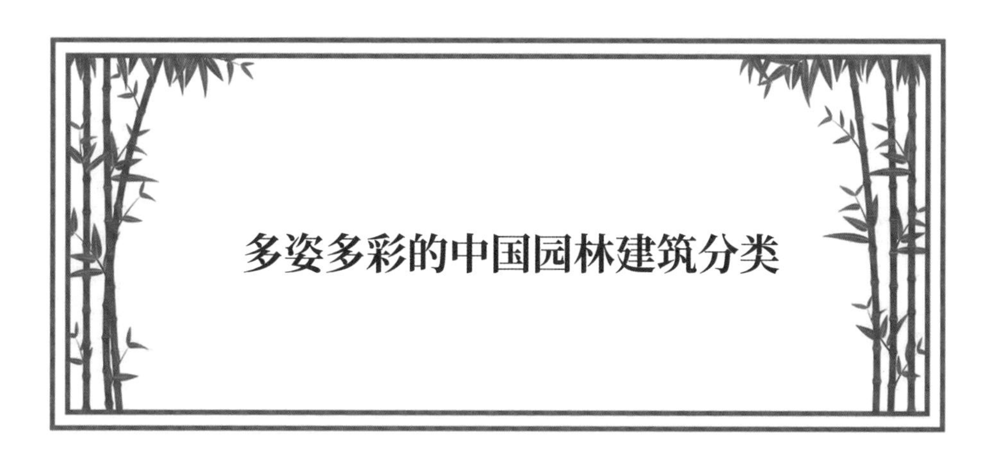

多姿多彩的中国园林建筑分类

跨越时空的相遇

林中暗问

以国家4A级旅游景区，全国重点文物保护单位，曾经的荣氏私家园林——无锡梅园为例，其中的园林建筑就有天心台、清芬轩、诵豳堂、念劬塔、松鹤园、吟风阁等多种。而这还仅仅是中国园林分支——私家园林中的建筑代表。除了无锡梅园中的这些园林建筑外，你还能列举出哪些你见过的中国园林建筑呢？

中国传统园林中的建筑——丽江黑龙潭

“亭”下观风景，“亭”外送故人

李叔同一首《送别》，可能或多或少都会在我们人生中的某个阶段被我们所熟知。其中又以第一句将我们引入了那离愁的意境当中。包括作者李叔同在内，从古至今，以“亭”为意象作告别之句者众多，那么为何“亭”会成为“离别”的意象呢？这就要说到“亭”这类建筑本身的观赏性及功能性了。

园亭是中国园林中不可或缺的建筑之一，大到皇家园林，小到私人宅院，都会对园中的亭建筑进行一番细致的打磨。这主要是因为亭作为一种集观赏性和功能性于一身的建筑，其建造灵活，可与周围造景巧妙融合；

功能多样，可供主客进行游览休憩。刘熙《释名》中写“亭者，停也。人所停集也。”

醉翁亭因宋代散文家欧阳修的《醉翁亭记》而得名，是中国四大名亭之一。该亭小巧独特，很有江南建筑特色。

安徽醉翁亭

《园冶》一书中曾这样描述亭：“造式无定，自三角、四角、五角、梅花、六角、横圭、八角至十字，随意合宜则制，惟地图可略式也。”园亭的制作材料、造型通常因地制宜。如文人园亭多精致小巧，雕工色彩典雅，一般为多角亭。而皇家园林中的园亭则为匹配皇家的尊贵身份，通常会选用明亮色彩，雕龙画凤，且多为重檐、大体态造型，以呈现皇家园林的庄严大气。

小巧精致，色彩典雅，采用园林中经典的六角攒尖顶。

贵阳涵碧亭

色彩艳丽，庄重大气，体现了皇家气势。

皇家园林中常见的角亭

就亭的主流建造设计来说，一般不设门窗，有顶，顶内外常作精巧装饰。亭整体结构采取柱为基，柱与柱之间以造半墙或平栏的方式保持其稳定性。亭内设有供休憩的坐槛、栏杆等。也有的会在柱间加圆形洞门进行修饰。亭多建于山腰、林中、路旁、水边等位置。从地理位置上看，亭就已经具备了“送别”之意；而亭又有供人休憩的作用。试想，当即将远行的客人与友人会面于亭中，友人略备浊酒，小坐清谈，然后起身，又于亭外送别来客，是否就构成了那幅“送别”的画面了呢？

曾园，原称“虚廓园”，是始建于清末的古典园林建筑。其中的四角亭清雅别致，被水环绕，非常富有意境。

常熟曾园四角亭

“台”上初过雨，聊记同游

中国园林建筑中的“台”多为古人同游、登高远眺，或是祭祀拜神之所。后也有修筑高台为演艺取乐之用的。宋俞文豹的《清夜录》中有一句“近水楼台先得月，向阳花木易为春”，其中“楼台”的“台”便是指园林建筑中这种常见的建筑形式。

中国园林建筑最早可追溯到商周时期，“台”这种园林建筑形式也早在商周时期便已产生。《园冶》中对于台的描述为：“园林之台，或掇石而高上平者；或木架高而版平无屋者；或楼阁前出一步而敞者，俱为台。”由此可见，“台”建筑多为高而平的建筑，一般为方形，台上可有建筑，也可为空旷场地。台的建筑材料起初多为泥土垒砌而成，后又有使用石类材料或用木制支架支撑在高处的形式。

由园林中的“台”演化而来的“戏台”

“台”在古时多为帝王将相及达官显贵在皇家或私人园林中为彰显身份地位而在高处建造的祭祀或娱乐场所，戏台便是由此“台”而来。此外，台也可以在非活动时间起到排水的作用，功能类似檐。中国园林中建筑类型多样，色彩缤纷，台作为功能性建筑，在园林中常以简洁的呈现方式出现，为的是不喧宾夺主，夺去观赏建筑或多功能建筑的魅力。同时，采取简单的雕纹与色彩也能够很好地突出台上建筑或台上的祭祀、表演等活动内容。

“楼阁”高百尺，远影碧空尽

楼阁是中国园林建筑中的主要景观，也是最主要的功能性建筑。比起亭、台两类建筑形式，楼阁要更为高大，造型色彩也更为鲜明。同时，其供居住、会客、宴请等丰富的建筑功能也是楼阁建筑成为园林中主要组成部分的原因之一。

园林中的楼阁景观

楼与阁其实是相似又有所区别的两种园林建筑形式。在中国建筑史学家刘致平编撰的《中国建筑类型及结构》一书中曾如此描述：“楼与阁无大区别，在最早也可能是一个东西，它们全是干阑建筑同类。”楼与阁在外型、装饰及功能上相似处极多，但也在细微之处有所区别。

从建筑形式上看，楼与阁都是多层、高耸、造型别致的建筑，在园林中常位于中心或中轴线上，以楼阁为中心向外建造及搭配其他建筑或花草树木。有时，楼阁也可以位于园林中的显要位置，如依山傍水的位置。江南三大名楼之中的湖南岳阳楼、南昌滕王阁就是临水居高而建，以方便观赏湖山美景。在功能用途上，楼与阁的相似之处也同样颇多，常供主人居住、贮藏珍宝、书画等使用。

有“洞庭天下水，岳阳天下楼”之美誉的“江南大三名楼”之一。

湖南岳阳楼

因王勃的《滕王阁序》而闻名，是“江南大三名楼”之一。

南昌滕王阁

若定要论出不同，则楼为典型的重屋建筑，即分两层的房屋，多上下住人。而阁则是带有基座的建筑，底层是空置的，上层才具有功能性用途。有时阁也会只建一层，视具体位置而定。楼的布局做工通常较阁也更为精巧，面阔三五间，造型丰富且细致，房间布局考究。若楼居园中一侧的位置建造时，则多在靠近园林的一侧加装外围的栏杆或建造“台”作阳台之用，以方便游览者登高远眺。楼的屋顶多为歇山式、硬山式结构。而阁的造型则多比楼更小巧，四面开窗，阁内布局更为通透，屋顶多为攒尖顶，与亭类似。

“厅堂”会客，向阳之屋，高显之义

如今，我们可能很少听到人们以“厅堂”作为一个整体的词汇来使用，多是单独用“厅”来表示客厅或是某一个会客、办事的场所。其实“厅”这一布局形式也是由“厅堂”演进而来的。古时的“厅堂”即指客厅、堂屋等地，是用于聚会、待客的宽敞房间。所谓“堂者，当也。谓当正向阳之屋，以取堂堂高显之义。(《园冶》)”。

在古时，长方形木料的梁架是为“厅”，而圆料做的梁架是为“堂”。因此，厅堂通常在园林中作为该类建筑的统称。在中国园林当中，厅堂是独立的建筑形式而不是某建筑内部的布局形式。厅堂也是园林中最为主要的建筑。因厅堂常为园主进行会客、议事等活动的场所，因此厅堂的建造在园林建造中也同样居主要地位。

厅堂的内部结构与装饰

厅堂的选址通常需在园林中较为主要的位置，且需贯通主要道路、居室与园林。因此，厅堂一般都会被布置在居室和园林交界的部位，既方便生活起居又方便待客赏景。厅堂一般均体量较大，常选择坐北朝南的方向，比起其他园林建筑的建造工艺更为复杂华丽，落基建造时，通常会以正厅所在位置为基线，采取左右对称的方式进行拓展，包括厅堂内部的家具、装饰等也均以中轴线为基础呈对称式布局。这种对称的布局形式更能使厅堂富有庄重大气之态，也更能凸显一园之主的身份地位之高。

四面厅是园林建筑中常见的厅堂建筑风格，也多为私家园林所使用。如苏州拙政园的远香堂，其四面敞开，檐下有回廊，外围以长窗装饰，无墙壁，视野开阔，无论是厅堂中还是厅堂外都不失为赏景的佳处。除四面厅外，常见的厅堂建筑还有鸳鸯厅、花厅、荷花厅等。

苏州拙政园的远香堂和秀绮亭

拙政园鸳鸯厅

在皇家园林中，厅堂的体量则更为庞大，工艺比起私人园林也更为考究。因此，皇家园林中的厅堂多称为“殿堂”。由于皇家园林中的建筑要展示皇家威严，因此皇家园林中的殿堂也被拆分为“殿”和“堂”两种形式，

殿堂和厅堂的区别主要是在体量及装饰上。“殿”多有主殿、配殿之分，并且在两侧配有功能用房，四周配有山石花草木等景观。“殿”通常为皇帝宣召大臣觐见或与大臣议政的主要场所。“堂”在皇家园林中的布局相较“殿”则稍显灵活，布局方式虽与“殿”类似，但体量较小，装饰也不十分考究，堂内观景休憩条件更佳，多为园内生活及游乐之所。

北京景山公园寿皇殿

轩馆斋室，休闲娱乐、修身养性之所

轩馆斋室是园林中使用最多，也是数量最多的建筑物。这四类建筑多为中小型园林建筑，由于使用较多，其对园林空间的整体布局，以及园林面貌的整齐舒展起到重要的整合作用。轩馆斋室虽在制作材料及装饰上不甚相同，也不如亭台楼阁及厅堂建筑等华丽考究，在功能性上却绝不逊色，是古代园林建筑中供休闲娱乐、修身养性的主要场所。

轩在古代原指一种有帷幕、前顶较高的车，后在建筑中被引申为有窗的廊子或小屋子。在园林建筑中，轩通常坐落在园中地势较高或空旷幽静的位置，以轩为主体，近处为廊，装饰有花草等自然景观。远眺四周为园林中的山水草木景观。轩的主要功能是静心赏景之所，如苏州拙政园的听雨轩，四周植满芭蕉，采“雨打芭蕉”之意。北方皇家园林中，如海南五公祠的洗心轩，清心静气，轩如其名。

苏州拙政园听雨轩

海南五公祠洗心轩

馆在园林中的作用是取厅堂的一部分作用，用来休憩会客的场所。与厅堂不同，馆的功能以娱乐为主，不作议事之用。馆通常与居室楼阁或厅堂有所联系，布局灵活，装饰较为随意。在文人园林中，馆通常为文人吟诗作赋的创作场所，而在皇家园林中，馆则通常作为帝后游乐宴饮、看戏听曲的场所。

斋，顾名思义，取“斋戒”的含义而建，主要为修身养性的场所。在中国园林中，斋虽取斋戒静心的意味，但并不作为宗庙祭祀场所使用，而是作为书屋使用。斋所选取的位置更为幽静偏僻，力求获得与外界隔离、幽深静谧的环境氛围。《园冶》中亦有云：“斋较堂，惟气藏而致敛，有使人肃然斋敬之义。盖藏修密处之地，故式不宜敞显。”说的就是斋需体现的“修身养性”这一主要功能，如北海公园的静心斋和颐和园的圆朗斋。

室的作用，相较、轩、馆、斋就简单了许多，常为辅助性用房而被安置在厅堂的两侧或后方，是较为封闭，四面有墙的小屋。室也是园林建筑中体量较小的建筑之一，有时也被用来作为园主读书创作的场所。

北京颐和园圆朗斋

广“榭”舞萎蕤，长筵宾杂厝

“广榭舞萎蕤，长筵宾杂厝”一句出自唐代诗人元稹的《梦游春七十韵》。这一句诗的大致意思是宽敞的台榭之中有歌舞，气势盛茂。宴请诸多宾客于其中，觥筹交错。这里所说的“广榭”就是指园林建筑中的“榭”这一建筑形式，“广”为宽敞的房屋之意。

榭在园林中指的是与水体结合，有平台的建筑物之意。过去也有花榭之说，即建造于花海之间的台榭。现今存留下来的台榭建筑多为“水榭”，即临水而建，一面或多面临水的台榭。

《园冶》记载；“榭者，藉也。藉景而成者也，或水边，或花畔，制亦随态。”这一句表明榭是一种与周围景色相辅相成，互相成全的园林建筑形式。体态可以随着园林的景观、布局、大小而随意变化。榭的建筑特点是只有楹

柱和花窗，没有墙壁。平台基座入水而建，四周有低矮的围栏。榭整体开敞通透，多为长方形建筑。因榭在园林中需以园林整体环境空间布局相统一，所以在体量及装饰等方面应“恰如其分”，体量不能过大，装饰也不得过分夸张，主要以凸显周身园林景观为主。

因水榭至少有一面是临水而建，在榭上游览有一种湖光山色互相辉映的畅快感受，故诗情画意油然而生。因此，古代文人也多于水榭之上吟诗作对，煮酒品茗，是园林中供休憩娱乐、清谈赏景的重要场所。因水榭主要为功能性建筑，需为园主及游人提供较好的休憩赏景体验，所以榭的朝向很少向西，目的是防止西晒影响游人的赏景体验。

桥上筑三座亭榭，康熙帝亲笔题水心榭。

承德避暑山庄水心榭

水阁纤巧空灵，清爽宜人。

网师园的“濯缨水阁”

芍药初开百步香，小阑幽拼隔长“廊”

廊，指房屋檐下、房屋内部或独立有顶的四面开敞的通道，包括回廊、游廊。在中国园林中，廊使得各建筑间产生联系，左右装点有花草绿植供游人观赏。同时，廊也能作为遮风避雨、游览园景的场所。

廊是中国园林中常见的建筑类型，作为各建筑间的脉络，廊的建造需体现虚实与韵律感的变化，对园林，尤其是楼阁亭台之间的布局和整体美感的提升起到了至关重要的作用。园林中的廊也可以根据园林整体风格的不同而

拥有不同的效果，例如皇家园林中的游廊有庄严肃穆之气，而江苏园林中的游廊则多了一些轻松、风雅之趣。

河北石家庄正定荣国府景区长廊

传统中国园林，也讲求虚实相生的变化，体现古人对于阴阳天道的一种尊崇。这种理念体现在园林建筑当中，就是亭台楼阁为实而廊为虚。亭台楼阁等建筑给人的感觉是沉重且整齐的，而廊给人的感觉则是蜿蜒的、通透的。廊尤其是室外的有顶廊，更是给人一种亦内亦外的别致感受。这种在空间上的过渡以及独属于廊建筑的线条起伏在空间上带来的错落有致的美感，使得游人能在廊内感受自然与建筑的交融，以及动态与静态的结合。

廊按建筑形式还可以分为单面以及双面空廊、复廊、双层廊等。而按照所处的建造位置以及连接的建筑则还可分为山廊、水廊等。

江苏太仓弇山园振屐廊

上海豫园曲池积玉水廊

乘彩“舫”，恰似晴江上

舫是与船只具有相似外形的园林建筑。在园林建造时，园主想要泛舟湖上，但是奈何园林景观无法做到拥有较大的湖泊可供行舟，因此便在水面之上建起形似舟的舫起到水上观景、宴请宾客、装点水面的作用。舫因不会动，形似舟，故此又名“不系舟”。

浙江杭州西湖曲园风荷石舫

舫一般分为船头、中舱以及尾舱，即前中后三个部分。前后较高而中间较低，与舟相似。船头开敞，有站立的空间，可谈话赏景。中舱则作为主要的宴请宾客的场地，内在空间较大，尾舱上实下虚，造型突起，形成舟尾的意象。舫四周开窗，便于在舫内观赏园林美景。通常舫为两层，类似楼阁。舫顶一般也参照船篷的样式建造，轻盈舒展。

西安大唐芙蓉园龙舫

北京颐和园的清晏舫就是典型的舫建筑，也是古舫建筑中常见的石舫，以石为基础材料建造，上层则以砖木材料搭建。清晏舫的舫体以皎洁如玉的白色巨石雕琢而成，全长 36 米，典型的两层舫，二层则为白色木结构，油漆装饰再雕刻成大理石纹样。其除舫间装饰外，舫顶也有精致的砖雕装饰，精巧华丽，体现了皇家园林的尊贵与华丽。

北京颐和园石舫——清晏舫

赏“园”乐事

圆明园《四十景图》

著名清代皇家园林圆明园是集100多处园中园及园林风景于一体的大型皇家园林。圆明园可以说集合了传统园林中的所有园林建筑，除亭、台、楼、阁、榭、廊、舫等大型园林建筑外，还有轩、馆、斋、室等中小型建筑群。此外，圆明园中还有寺庙、道观等宗教建筑。

清乾隆年间，宫廷画师及词臣曾在乾隆皇帝授意下为圆明园绘制

《四十景图》，将圆明园中的四十美景记录其中。《四十景图》中所记“天然图画”一景，即圆明园九州后湖东岸的一处楼阁建筑。“碧桐书院”则为九州景区后湖东北角的一处书房，南与“天然图画”为邻。碧桐书院向西的岩石上有云岑亭，乃一处山亭，可俯观园林奇景。

在《四十景图》中还曾描绘这样一景，名为“别有洞天”，它是位于福海东南，山水之间的一处园中园。有纳翠楼、水木清华阁、时赏斋以及一座石舫。此外还有亭台等园林建筑多座，几乎具备了小园林的全部建筑特征。该园亭台错落，地势隐秘，环境优雅，其园林建筑布局及命名也体现了该处园中园用以修身养性的作用。雍正、乾隆以及嘉庆皇帝也曾在此居住。

圆明园虽在历史长河中不幸遭到损毁，但后人仍在不断探索并修复它当年的面貌，如福海中心蓬岛瑶台的“瀛海仙山”亭、西岛庭院等均已原样修复。圆明园这座融合了皇家威严、宗教元素以及各式各样园林景观的大型皇家园林中还有更多美景等待我们发现。

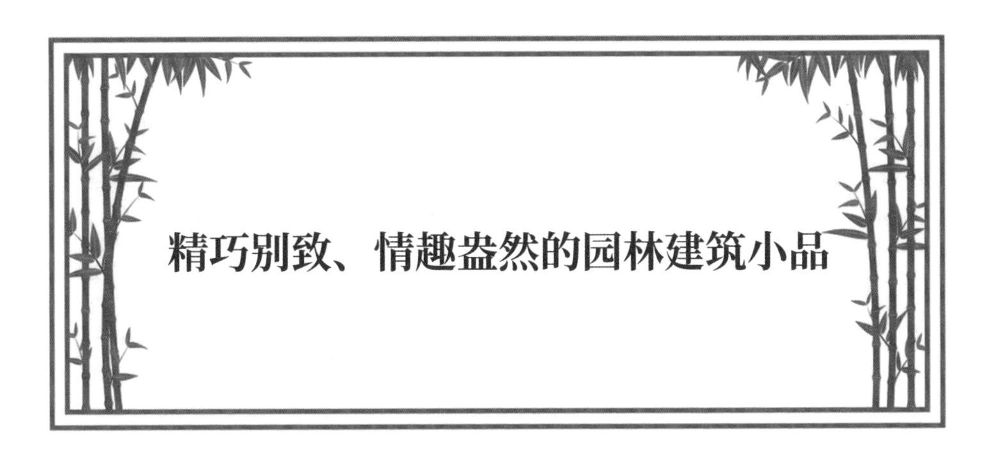

精巧别致、情趣盎然的园林建筑小品

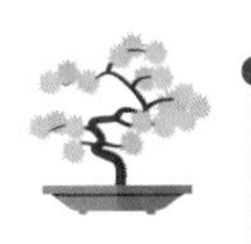

跨越时空的相遇

林中暗问

说到小品，我们可能会想到舞台上经典的形象和段子，它们通常能为我们带来欢乐。但实际上，“小品”一词并不单指舞台上说和演的艺术形式，它更为广泛的含义是“小的艺术品”。那么，当我们把“小品”代入“园林”，你能想到它所代表的都是哪些艺术品吗？

无论我们是否经常往来于园林之中纵观古今，我们或多或少都能想象出园林当中那些精巧别致的装饰品。竹林掩映中的园门雕刻着精致的花纹图案，不远处的有长长的园墙，园墙之上有漏窗、雕花的巧妙处理，与园门、草植融为一体，熠熠生辉；地面是或青砖或卵石铺就的园路，两侧有精心雕琢的工艺品作为陪衬，一路陪你行至亭台楼阁之中。亭边是小池，小桥流水，叮咚作响。你深吸一口气，就能感受到来自园林深处宁静而平和的美。

苏州耦园庭院景观

无论是园门、园墙、园路，还是漏窗、小桥、水池，这些都是园林当中重要的“小品”。按照整体与局部的区分，我们可以将小品分为装饰园林整体空间的艺术品，如园门、园墙、园路、园窗等；以及装饰园林建筑局部空间的艺术品，如雕塑、水池、置石等。此外，雕琢在大型园林建筑上的彩画，也同样是园林建筑中最值得观赏的小品之一。

空间布局中的建筑小品

“洞门”开此处，有宾远方来

园门，即园林门，指园林整体或局部入口的建筑配件，它通常能够影响

游人对园林整体风格的第一印象。广义的园门除了指园林之门，还可以指现代的公园大门，但此处我们主要说的是中国园林当中的园门或洞门。

苏州园林圆门

在私家园林中，园门或洞门的设计通常不会过于考究。其常以曲线、折线或象形的形式进行设计，如圆门、角门、葫芦门、月亮门等。根据园主对园林整体风格的要求，这些以不同形状为基础的园门通常会展示出活泼、大方、典雅、宁静、轻松等不同的环境氛围。《园冶》中说："触景生奇，含情多致，轻纱环碧，弱柳窥青。伟石迎人，别有一壶天地。"从门外车马喧嚣的环境中通过园门踏入园林内，从喧嚣到幽静，从紧张到放松，《园冶》中所形容的就是这样一种情绪的渲染。

园林八角门

上海豫园月亮门

沧浪亭葫芦门

垂花门，也是园门中的一种美观度极佳的表现形式，它一般多出现在北方的私家园林、宅院或皇家园林之中。垂花门与前文中描述的几种园门设计均有不同，其檐柱不落地，垂钓在屋檐下，被称为垂柱。垂柱通常上下刻有花瓣叶等彩绘，故被称为垂花门。“大门不出，二门不迈”中的“二门”就是指这里的垂花门。

园门主要的作用除了供游人出入外，还能起到引导游览路线的作用。

北京恭王府垂花门

“景墙”缀花草，隐而不俗

园墙是园林内各类墙壁建筑小品的统称，园墙本身就具有防护与分隔院落的功能。另外，因其建造时工匠对墙本身的美观度也有相应的考量，故园墙也同样具有较高的观赏性，又被称为“景墙”。

按照建造材料划分，园墙可分为砖墙、粉墙、石墙等；按照地形位置则可分为地势高低不平处的云墙、地势平坦处的平墙等。园墙的色彩没有严格的讲究，私家园林多为白、灰二色，不宜色彩过于鲜艳或装饰过于花俏，目的是更好地与园中颜色各异的花草绿植山石等景观融合协调并主要突出这些装饰品。而皇家园林则多用色彩浓重的红、黄为主色，凸显庄重威严。

素雅清新，体现着江南园林的特色。

南京朝天宫的青瓦白墙

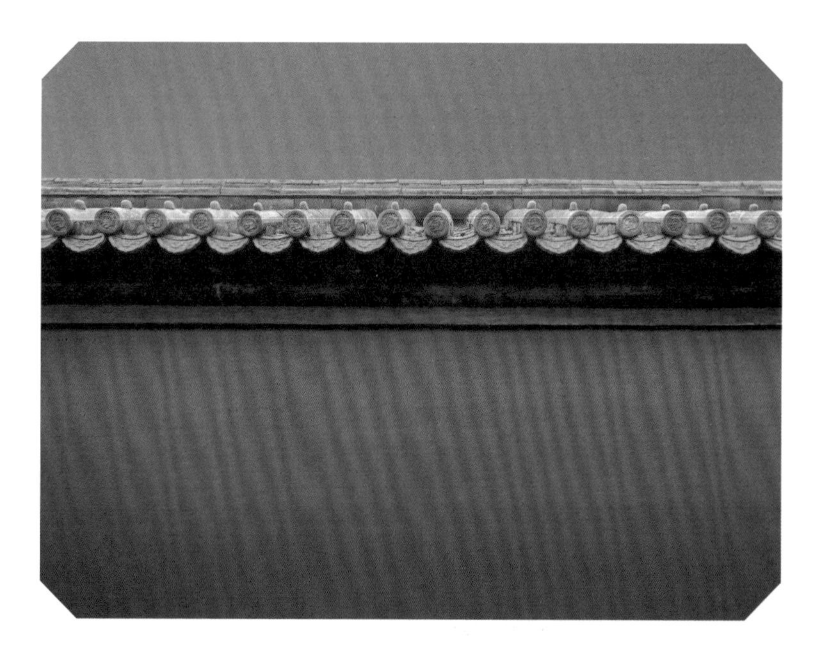

色彩光彩夺目，体现着威严与庄重。

故宫的红墙

“景窗”弄月，借景怡情

园林中的窗，大多为景窗，以其镂空或不设窗扇，透过窗可直接观赏园中景色的设计特点而得名，古代的扇面画的创作灵感便取得借窗观景的建筑手法。

景窗又有漏窗、花窗、漏花窗等别称，是园林中的装饰性空窗。窗洞部分虽不设窗扇，但雕琢有各种镂空图案，不仅可以借窗观景，自身亦是景观。

景窗在设计构图上常呈现不规则形式，主要可分为几何状及象形状两大类。几何状主要有方形、圆形、六角形、扇形等形状，而象形状则风格多样，如草木虫鱼，花鸟走兽等。也有园林曾以神话传说中的某些瑞兽形象作为思路来设计景窗图案的。景窗材料以砖、木、瓦等为主，与景墙一样，也随园林整体设计风格而定。

苏州园林中的方形花窗

苏州耦园中的圆形花窗

苏州园林中的六角形状花窗

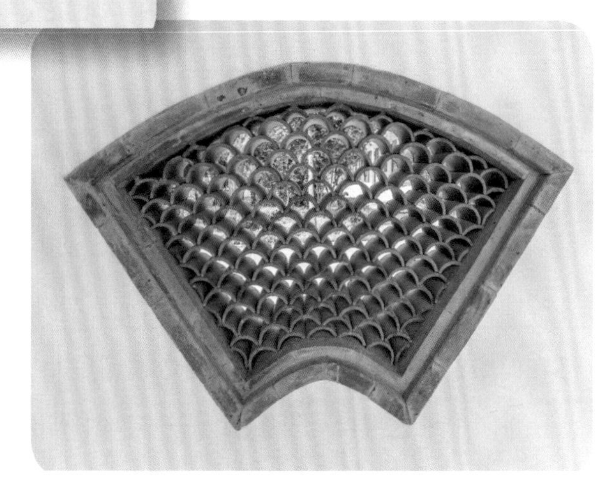

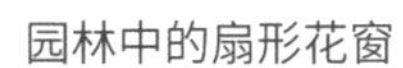

园林中的扇形花窗

景窗大多置于分隔墙、长廊或半通透的建筑上。借助景窗观景，体现了古人对于动静结合、虚实相生观念的追求。透过景窗，园内景色亦真亦幻，似在眼前又不可触及，使人流连忘返，沉浸其中。

苏州沧浪亭外围花窗

“园林小道”入景间，引人入胜

传统园林中的道路，被称为“铺地”。铺地多为砖石、卵石、石板、瓷片等铺就而成，故此得名。宋代著名词人晏殊在一首《浣溪沙》中记录了自己在园中畅游时的所思所想。他走在园中小道上，随着道路的延伸逐渐深入，将园中景色与自身思绪融为一体，创作出了“无可奈何花落去，似曾相识燕归来，小园香径独徘徊”的绝妙意境。

苏州沧浪亭曲径小路

北京颐和园砌石小路

对于铺地的设计也是十分有讲究的，它不单单是在道路上铺满石子或砖石，还会对铺就的路面进行构图设计，如将石子和瓷片等结合，石子为主题，瓷片铺成花瓣或动物的纹路等，与其他建筑小品一样，即便只是供人行走，提供引路功能的道路，在园林当中也能够自成一景。

疏水若为无尽，断处通“桥”

《园冶》中说园中之桥：“疏水若为无尽，断处通桥。”指的是水面若是有无尽之感，则可以在水断之处架起桥梁，就可以分隔境界。此句颇有一些“独立小桥风满袖”的意境。

园林中的桥，多指架空在水上的桥梁。一般分为平桥、拱桥、廊桥及亭桥几种，其中又以平桥及拱桥最为多见。

苏州司徒庙平桥

平桥一般用于园中水池或是溪流所在之处，以木板或石头材料搭成。水岸两侧以石块砌筑桥墩，尔后架桥。这样的小平桥通常不设栏杆，小巧简洁，临近水面，目的是给游人带来一种虽在桥上，但犹如在水面行走的飘逸之感，通常在江南园林中较多采用。

拱桥则是指砖石砌筑的桥梁，向上拱起，富有动感，中有孔洞，通常根据桥梁的长短有单孔至数孔。北方大型皇家园林中常见此类桥梁。设计拱桥的原因是除便于行走外，也能够实现桥下通船。

承德避暑山庄石拱桥

廊桥指的是在桥体上方架起游廊，起到增加层次、装点水面的作用，亭桥则是指在较长的桥体某处搭建凉亭，以供遮风避雨驻足休憩使用。这两种园桥类型在传统园林中并不常见。

建筑布局中的建筑小品

除了在园林整体空间布局中起到重要的分隔引导作用的上述建筑小品外，剩下的就是在园林内部的建筑布局中起到装饰或功能性作用的建筑小品了。该类小品中以“雕塑”“水景”“置石”“凳桌”等最为常见。

园林雕塑，意趣当先

雕塑向来是园林设计工匠在装点园林景观时的不二之选。配合园林的主题及风格，园林雕塑通常被放置于室外，通过一定的艺术形象反映园林的精神思想。

山东潍坊十笏园石狮

在传统园林中，雕塑受宗教思想影响居多。受佛学影响，常见铜牛、石狮等佛教传说中具有灵性的动物雕塑；受道教影响则多以仙鹤、白鹿等作为雕塑的形象。

按照雕刻材料的不同，园林雕塑被分为石雕、铜雕、水泥雕塑等，其中又以石雕在传统园林中最为常见。按照雕刻形式分类，则园林雕塑可以分为圆雕、浮雕、镂雕等形式。圆雕是园林中最常见的雕刻方式，即在一块雕塑材料上进行立体加工，最终形成具有立体形象的雕塑作品，如前面提到的石狮、铜牛等。而浮雕则多雕刻在墙壁上，为壁画。透雕则多用于园林装饰摆件，如木凳镂空的雕花。

颐和园仁寿殿前的铜雕

园林雕塑在园林景观的和谐中起着极为重要的作用，其展示的形象必须与园林主题相称且能够通过自身的展示表达出园林主体的内涵。此外，园林雕塑还起到组成园林景观的作用，园林雕塑需布局得体，不能杂乱无章，须能很好地展示园林布局的艺术性。

园林水景，取法自然

园林水景是园林中水景观的统称，传统园林中常见的有水池、水塘、溪

流、水帘、喷泉等水景观。水利工程自古以来就是中国的强项，在园林之中的理水自然也不例外。

水景在园林中的样貌多种多样，自然水的形态也各有不同。按其形态分类，水景可以分为静水、流水、落水、压力水等多种类型。其中，又以静水、流水、落水在传统园林水景中的应用较多。

苏州退思园水景

静水，顾名思义就是平静无波，不流淌的水。通常表现为湖泊、水池、泉等，在园林中主要起到分隔空间、净化环境、增加气氛的作用。

流水是指有一定流淌路径的活水，如溪流。流水也被用来泄洪排污，如沟渠。前者主要用于观赏，而后者则主要连通园内水系。

落水，从字面来讲，就是从上方落下来的水，因有跌落之感，故名落水，如瀑布、壁泉。该类水景主要是供观赏使用。

压力水则以喷泉形式出现，在现代园林中较为常见。

广东顺德清晖园水景

济南万竹园趵突泉

水景及其周身的布置通常也十分重要，如湖泊池泉的岸沿、绿植，水中的水生植物等。常见的水中植物便是荷花，也是传统园林中为各园主喜爱的一种观赏植物。为使水景达到极佳的观赏效果，通常园林中的水景也会搭配使用，如在水池之上建造假山，再引水从山上落下，形成瀑布。通过这样的组合，使景观得到升华，更为壮观。

园林置石，寸石生情

园林置石指的是园林中以天然石材或仿石搭建而成的人工造景。除了我们常见的假山之外，还有以石材堆砌或人工制成的仿石景观被用来点缀园中景致。

扬州个园假山景观

置石的建造方法有特置（又称孤置）、对置、散置等。

特置指的是用一些在大自然鬼斧神工下产生的、造型独特的大体量石材布置园内景观，如颐和园夕佳楼前以太湖石堆砌而成的假山，因形似狮子，被称为狮子林。

而对置则是指在园林建筑（多以亭台楼阁等为主）左右两侧布置两块山石，以起到丰富及陪衬园景的作用。

散置，顾名思义，是指将体量大小各异的石头散落在需要布局的园景四周，同样起到陪衬的作用，又被称为“散点”。同时，散置还有其独有的功能性作用，散落在山坡上可以作为护坡，散落在山水景观四周可以减缓瀑布对地面的冲刷以及增强安全性。

江苏拂水山庄假山景观

园林凳桌，功能见长

在传统园林中，桌凳主要就是供游人休息的工具，游人可以坐于凳上，边休息边观赏四周美景。通常的园林桌凳为圆形，即圆桌圆凳，体现古人天圆地方的思想理念。圆桌圆凳通常小巧别致，以汉白玉或大理石为主要材料，颜色以白色最多，置于园林风景之中，低调但富有趣味。

苏州园林中的石桌、石凳

雕梁画栋，彩画小品

说罢了所有能够独立成景的艺术品，下面便要着重介绍一下在园林造景及园林建筑中随处可见的“彩画”，彩画虽不具有如园桥、置石等建筑小品的实际体量，却是实实在在的建筑小品，它是在园林建筑上进行装饰的彩绘。经过彩画装饰后的园林建筑，除其本身的景观特色外，还平添了雕梁画栋的精美效果。如画廊，在传统园林中就是指经过彩画的长廊，明代著名戏

曲家汤显祖在其《牡丹亭》中写下“画廊前，深深蓦见衔泥燕，随步名园是偶然。”其中的画廊，便是指园林中的彩画长廊。

彩画并不是独属于园林建筑的彩绘形式，在宫殿、庙宇中亦经常出现。但园林中的彩画也是园林建造中必不可少的一环。若没有彩画陪衬，则会使得园林之美缺乏活力。建筑彩画的有和玺彩画，旋子彩画，潮式彩画以及苏式彩画四个等级。其中，“苏式彩画”常被用于传统园林中建筑的彩绘。

苏式彩画的画面多为山水树木、花鸟鱼虫等内容，一般在园林的亭、台、榭、舫、廊等建筑上进行创作。风格多活泼明快，底色多采用铁红、香色、白色等，色彩较重。画面画法灵活，具有较强的生活气息。苏式彩画在明代前很少出现于皇家园林当中，多为私家园林使用。在明代后苏式彩画被用于宫殿彩绘，至此，苏式彩画在北方皇家园林中便多有出现。但苏式彩画在皇家园林中需符合皇家园林的风格需要，因此逐渐展现出雍容华贵的色彩。这类苏式彩画后来又被称为“官式苏画”。

北京颐和园建筑上的彩画

“园”来如此

彩画的多种形式

彩画中，除苏式彩画外，还有和玺彩画、旋子彩画及潮式彩画三种。

和玺彩画是所有彩画类型中级别最高的彩画形式，它常被用于宫廷内殿的彩绘装饰。和玺彩画的特点是以龙凤、花卉以及珠宝等为绘画形象，画面色彩丰富且艳丽，常辅以沥粉贴金，使得建筑更加金碧辉煌，壮丽非常。故宫中的养心殿、慈宁宫等宫殿采用的便是和玺彩画。皇家园林中也常出现此类彩画。

旋子彩画也是宫廷彩画中常选用的一种彩画形式，等级仅次于和玺彩画。旋子彩画的画面形简，常采用带卷涡纹花瓣为形象，有时也可以创作龙凤形象。这种彩画可贴金粉可不贴金粉，常用于行宫等次要宫殿或是宗庙道观中的建筑彩绘。

潮式彩画是彩画形式中比较特殊的一种，它仅被用于潮汕地区的传统建筑及家具彩绘装饰，是具有非常浓厚的地域文化的彩画形式，在中国传统园林彩画中几乎不可见。

第五章 宛如天成，顺道自然

你知道园林建筑所隐含的哲学观吗？

中国传统园林是中华优秀文化与思想的结晶。在造园时，园林建筑如何选址、布局，建筑本身进行怎样的设计都在一定程度上反映了中国传统文化中的哲学思想，体现着古人的世界观和价值观。

儒家的天人合一思想一直以来都对中国园林建筑有着深刻的影响，也经常引起后世之人的探索。除儒家思想外，道家思想、佛家思想也对园林建筑的成型起到了至关重要的指导作用。

作为中国传统文化中哲学思想的集大成者，儒家、佛家、道家思想被称为儒释道思想。在中华文化发展的漫漫历史长河当中，儒释道三家思想逐渐在中国经济、文化、艺术等各个领域绽放光彩。在这一过程中，中华民族逐渐基于儒释道思想形成其特有的世界观及价值观。而以这独特的观念作为建造基础的中国园林建筑，也无处不体现着这一份独特的审美意趣。

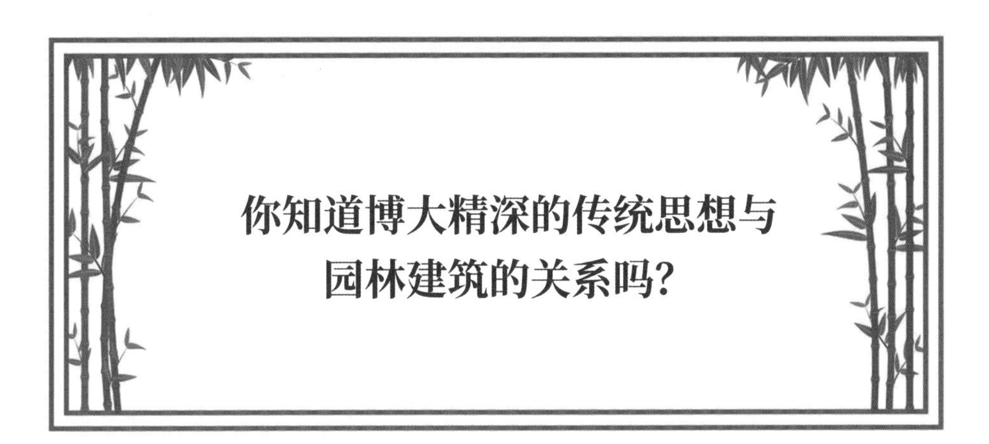

你知道博大精深的传统思想与园林建筑的关系吗？

跨越时空的相遇

林中暗问

中国传统的儒释道三家思想，分别以“仁义礼智信”“众生平等、缘起性空”以及“天法道、道法自然”等作为核心理念，这些都被应用至理水造山、布景建物的造园理念上。轩馆斋室中的斋对应的是佛教思想，体现悠然静谧的禅宗意境，而山穷水尽处又豁然开朗则体现了虚实相生的道家思想。那么，你能列举出基于儒家思想的园林建筑布局形式吗？

仁义礼乐、君子比德，儒家思想与园林建筑的关系

儒家思想作为诸子百家学说之首，几千年来为人所尊崇。儒家思想的内容十分丰富，为人所熟知的有“仁义礼智信”“恕忠孝悌”等思想。体现在园林建筑布局当中，则以“仁”为基础，以“礼”为中心，提倡发挥人的主观能动性，积极“入世”，达到人文美与自然美的相互结合。

受儒家思想影响的园林建筑及布局中体现了理性思想与感性认识的融合，讲求中庸之道，以和为贵。各园林建筑独具特色但相互间仍能巧妙融合，“仁者乐山，智者乐水”说的就是这样一种观念了。

目前世界上最大的私家陵墓园林，凝聚着浓厚的文化底蕴，体现着儒家思想。

山东曲阜孔林

“仁”与“礼”虽同为儒家思想的内容之一，但在园林建筑上的体现有所不同。“仁”主要讲求和谐之美，在建筑中表现为“园林建筑—自然环境—人的和谐统一”，即天人合一思想。其讲求建筑布局应顺应地形及自然环境的变化，人工造景则应无限接近于真实的自然景观，并借亭、窗、

讲究人工与自然和谐统一的江南园林景观

竹林影姿绰约，渗透着浓浓的人文气息

苏州沧浪亭竹林

门等进行“借景”，达到自然美景与园林建筑相融合的境界。“礼”则多以“礼治”观念体现在园林建筑设计当中，如皇家园林中建筑多规整，对称而有序，体现皇家园林大气磅礴、雄伟威严的建筑风格。在文人园林中则多有将景观化作思想形象的设计，例如多布局竹林、松林，以类比君子形象；或是在园林的山水建筑中，山讲求有敦厚稳重之气，而水则需有清澈奔流之息。

因缘所生法，佛教思想与园林建筑的关系

佛教思想在中国大地上的发展，最早可以追溯至东汉末年，在隋唐时期达到鼎盛之势。佛教重“众生平等”“万般皆缘”的思想，注重人心、悟性的修行，讲求通过观察探索内心的方式来升华自身，达到心境与自然的统一，从而进入“空”的境界。

这种佛教思想应用到园林建筑上更着重强调整体意境，园林建筑的布局需有“空相”，亦真亦假，动静相生之感。在这种理念的指导下，中国传统园林中的建筑元素在效仿自然的同时，又带有开阔浩瀚之感。

受佛教思想影响较大的主要还是寺庙园林。除殿、膳房、寝室、客房、佛塔、经室等传统佛教基础建筑外，山、泉、树是寺庙园林着重建造的自然景观元素。在山石水木之间辅以小桥、曲径、洞壑等景观，虽为人造，但体现了一方虽小但天地无尽的理念。在建筑色彩上，受佛教思想影响的园林建筑多使用红、棕、黄等色彩，以获得宗教庄严肃穆的神圣之感。

苏州寒山寺

浙江净慈寺景观

通过在整体景观上营造出旷达意境，受佛教思想影响的园林建筑将内省、隐逸、静悟的思想传递给世人。

道法自然，道家思想与园林建筑的关系

如《道德经》中所说："人法地，地法天，天法道，道法自然。"道家思想讲求的是人心应如天地般宽广，厚德载物，需顺应规律自然发展，达到"生而不有，为而不恃"的思想境界。

中国传统园林中，造园设计不仅要体现建筑的观赏性与功能性，更重要的是体现人对自然的理解与思考。道家思想影响下的园林，重视对自然山水的模拟与整合，不是建造山水去迎合园林建筑风格，而是以建筑去迎合自然山水。这也是道家思想在园林建筑布局中较常被应用的主要原因，体现着人们对自然天地法则的崇拜。

遵循道家思想所设计出的中国传统园林中，最能体现其思想的是虚实的结合，即"有形的建筑与布局"同"无形的环境氛围"的结合。例如，通过园墙、洞门、园窗等设计，将园林空间进行分隔布局，有幽静安逸的林中小院，也有弹琴奏乐的赏玩之所，有鸟语花香的园间小道，也有流水潺潺的溪流小涧。

"建筑与自然景观在不经意间的融合"体现了道家"无为而治"的思想。这种"道法自然"的思想观念与儒家的"天人合一"思想截然不同，道家思想讲求的是无为而成，儒家的"天人合一"思想则讲求以积极主动的行为去完成人与自然的融合，一个重自然，一个重人为。运用道家思想作为理念基础而孕育出的中国传统园林建筑及其布局体现了万事万物自然变化、自在随意、与世无争的价值观念。

山上松柏葱郁，环境幽寂，宛若仙境。

重庆南山老君洞

“园”来如此

园林设计“三境论”

受到中华上下五千年传统文化的洗礼，无论是中国传统园林还是现代园林，在其建造过程中都已经总结出了成熟的艺术理论。其中，尤以中国现代风景园林规划设计学科创始人与奠基人孙筱祥先生总结的园林“三境论”最为经典。

园林“三境论”中的三境，分别指“生境”“画境”和“意境”。“生境”指自然与人和谐共存的生机之境；“画境”则指园林建造中的审美意趣，即要有视觉上的美感，要将园林当作艺术品来进行建造；“意境”指的是要将人的价值观融于园林建造之中，将园林作为情感寄托的载体去体现人们心中的理想、情怀与素养。

在园林建造当中，“生境”与“画境”通常较易达成，但若想达到“意境”则着实要多花费些工夫。显而易见的原因是每一种形象的雕刻琢磨、配置布局都需要精心考量。但更深层次的原因是“意境”受到各种传统思想的影响，它无形无影却也无处不在。如何取其精华去其糟粕地将这些思想通过园林建筑及布局的方式展现出来且为人所知，这就需要造园工匠多花费些时日去琢磨了。

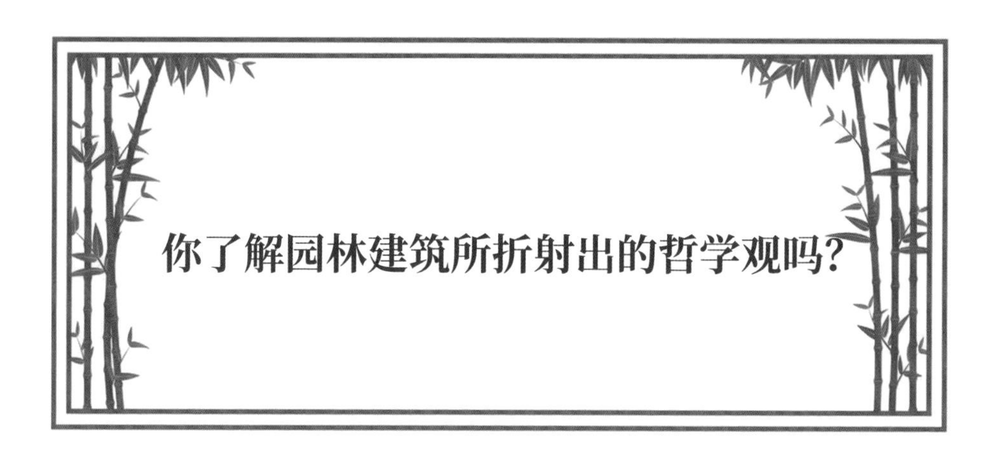

你了解园林建筑所折射出的哲学观吗?

跨越时空的相遇

林中暗问

对于儒释道三家思想对园林建筑的影响，我们已经有了初步的了解，每一种思想对园林建筑设计都起到了指导的作用。但是，中国的传统文化及哲学思想有着海纳百川的融合性特点，在造园时，园主及工匠通常会融合多种思想观念来完成园林整体空间的布局与建造。结合上一节中讲述的儒释道思想与园林建筑的关系，你知道通过园林建筑而折射出的哲学观分别是哪些吗?

虽由人作，宛自天开的“天人合一”思想

“天人合一”思想指的是人与自然的和谐统一，它起初并不是由儒家提出的，只不过是后世儒家发展了这一思想。

在《易经·乾卦》中就曾提到：“夫大人者，与天地合其德，与日月合其明”，可见在周代便已提到了人道与天道的相生相通、和谐统一的思想。尔后道家从天道的角度又对天人合一思想进行了重新的描述，认为“天地与我并生，天地与我为一”，指的是尊重天地自然之理，顺应其变化。

真正在园林建筑中体现的“天人合一”观念，是以儒家的天人合一思想为基础的。从孔子开始，经孟子的进一步阐述，儒家将天人合一的观念定性为“通过人自身的努力，达到人与自然和谐共存”。中国园林建造所追求的最高目标“虽由人作，宛自天开”正是体现了这样一种“天人合一”的观念。

寄托着天人合一思想的天坛祈年殿

为了能够更好地体现这一观念，风水学说也多被应用于园林的建造当中。风水学可以通过观察天地之变化，寻找到适合人类生活、阴阳调和、具有“生气”的地理位置。风水学正是基于对自然景观的研究，再通过人为的方式对自然或是人工造物进行合理的配置，从而创造良好的人居环境。风水学说这种将自然与人文美统一起来的文化现象也成了园林中“天人合一”观念的一部分。

我们可以看到，人们很早便发现了自然之美的重要性，并且基于传统文化的积淀，对自然美有着独特的审美理念。比如在楼阁建筑与山水建筑及小品之间的配置布局都在力求顺应自然，通过人的主观力量，将人作与天作营造为和谐的整体，山景仿自然山脉，水景仿自然流水。在这样的审美布局当中所体现出的哲学观便正是“天地共融，天人合一”的思想观念。

顺其自然，内心恬静的“外适内和”思想

“可行、可望、可居、可游”，能够达到这四种目的的园林是最适宜生活的园林。“外适内和”的生活观指的是对自然的适应，即外适；以及内心的平和自在，即内和。其展示的是一种与世无争、随性自然的超然物外的心境。

最早将“外适内和”的理念代入园林建筑当中的是中国古代的“士大夫”阶层。园林是士大夫们认为的最理想和谐的生活之境，无论是入世为臣，还是出世隐逸，在园林之中都有淡泊、随心、平和、宁静之感。

在士大夫们的私家园林之中，他们对山水等元素的建造要求较多，这同样也是他们对“随心所欲不逾矩”这样一种生活状态的追求，从自然当中获得宁静，与自然和平共存，与他人和平共存，与自己和平共处。

讲求舒适自在，入园便得一片宁静。

苏州拙政园一隅

北宋著名科学家、政治家沈括有一部流传至今仍然享誉海内外的佳作——《梦溪笔谈》，其中集合了自然科学、工艺技术以及历史现象等多类内容，这一书名中的“梦溪”即源自“梦溪园”的园名。“梦溪园”源于其自志中所说的“恍然乃梦中所游之地”，后沈括将梦中之景建造为“梦溪园”。在对“梦溪园”的描述中，沈括感叹“吾缘在是矣”，即是说“梦溪园”就是他的归心之所。他又进一步写道：“筑室于京口之陲。巨木蓊然，水出峡中，渟萦杳缭，环地之一偏者，目之曰‘梦溪’。溪之土耸然为邱，千木之花缘焉者，‘百花堆’也。腹堆而庐其间者，翁之栖也……荫竹之南，轩于水澨者，‘深斋’也。封高而缔，可以眺者，‘远亭’也。”此段描述的是梦

溪园落成之后花草繁茂、鸟语花香的园中之景。

《梦溪笔谈》是沈括在退隐后在梦溪园中所写。从他对自家小园的描述中，我们可以感受到他乐得其所、随遇而安、自在取乐的心境。梦溪园真正达到了他所追求的与自然、与人、与自己的和平共处。他创作《梦溪笔谈》以“山间木荫，率意谈噱”为核心理念，不谈毁誉，不提得失，只仰观宇宙之大，俯察品类之盛，轻松自在。

景色和气人自在。生活没有矛盾，没有冲突，在山水自然的园林之中感受平和与宁静，颐养天年，便是古人常求的“外适内和”的生活观念。

洗尽铅华，见素抱朴的“返璞归真”思想

在园林当中，还有一部分设计包含了质朴简洁的“返璞归真”思想。其尊崇的是老子“见素抱朴，少私寡欲”观念。有景但不造景是返璞归真思想的集中体现。

在园林的选址及布局当中，基于返璞归真的思想，园林多借助大自然原有的景色，将自然中的山水草木与建筑整合起来。或是借以园林中的门、窗、亭、台将远处的景色映衬进来，进行借景来回归自然。同时，园林中房屋建筑外型的简朴设计也是返璞归真的一种体现。

朴素而富有野趣，简单而不俗套，虽结庐在人境，但无车马之喧嚣，这种返璞归真的境界不仅是寒门文人的追求，同样也是看惯世间浮华，想要追寻一隅自然之气的皇亲贵胄之家的追求。唐代著名诗人白居易的庐山草堂，便是文人返璞归真思想的集中体现。

月亮门、草屋与自然融为一体，体现了“返璞归真”的思想。

成都杜甫草堂

在白居易的《庐山草堂记》中有这样一段："明年春，草堂成。三间两柱，二室四牖……木斫而已，不加丹；墙圬而已，不加白……堂中设木榻四，素屏二，漆琴一张，儒、道、佛书各两三卷。"这段话的意思是："第二年春天，草堂落成了。三间屋子，两根楹柱，两个卧房，四扇窗子……建造房屋的木材只用斧子砍削，不用油漆彩绘；墙涂泥就可，不必用石灰白粉之类粉刷……屋子里设有木制椅榻四张，素色屏风两座，还有漆琴一张，以及儒、释、道书籍各三两卷。"从中，我们可以感受到"庐山草堂"的简洁与质朴。

庐山白居易草堂

不光文人的私家园林，即便是皇家园林，在建造过程中也会力求奢华与质朴相结合，有大殿厅堂的威严，也有草舍茅庐的朴素，如颐和园中的农乐轩。在大型皇家园林颐和园中，有体现皇家威严的仁寿殿，也有充满宗庙

气息的佛香阁。在追求皇室尊贵与奢华的同时，颐和园中也有一部分建筑以“返璞归真”的思想进行了建造。农乐轩诚如其名，是仿造农舍修建的建筑，在富丽堂皇的颐和园中，农乐轩这一隅反倒多了些闲情野趣。

脱离束缚，精神升华的“神仙”思想

神仙思想是儒释道三家思想在发展过程中，将“天命”“阴阳五行”“极乐世界”等概念集合之后重新熔炼而成的思想。神仙思想与园林建筑的融合主要体现在园林布局中以“仙境”为主题，建筑中以神话故事为题材进行装饰的设计思路，如“一池三山”的园林建筑模式。

“一池三山”模式，一池指太液池，三山则是指神话中东海的蓬莱、方丈、瀛洲三座仙山。“一池三山”模式起源于汉武帝时期，汉武帝在长安建造建章宫时，挖掘了太液池，并在池中建了三座岛屿，以三座仙山取

杭州西湖，宛如仙境一般的园林景观

名以模仿仙境。至此之后，该园林的布局模式便时常为历代皇家园林所效仿。

除建章宫，后世北魏洛阳桦林园、明代北京西苑、杭州西湖等均采用了该类布局。这类布局形式主要是为了满足皇帝对于长生不死，类比神明的精神追求。在“仙境”中居住便好比远离了凡俗世界，飞升成仙，达到了一种精神上的释放。

封建社会后期，由于封建等级制度的森严，“一池三山”的园林模式不能用在私家园林中，一旦被发现则视为僭越之举。至明晚期到清朝年间，这种布局模式在民间的私家园林中完全消失。

赏“园”乐事

承德避暑山庄湖区——“一池三山”的代表性建筑布局

承德避暑山庄是清朝皇帝夏天避暑及处理政务的场所，位于河北承德市中心北部，武烈河西岸的谷地上。由于清朝康熙皇帝及乾隆皇帝每年有半年左右的时间是在承德度过，因此承德避暑山庄在清朝康乾时期相当于除北京紫禁城外的第二个政治中心。

避暑山庄内设有“宫殿区”和“苑景区”，苑景区又可分为平原区、山区以及湖区。其中，湖区便是以“一池三山”作为修建模式之一而完成的。湖区中心有三座小岛，分别名为“如意洲”“月色江声”和“环碧”，三岛以长堤作为连接通道，长堤被命名为“茎芝云堤”。湖面被三岛与长堤分隔，平面望去构成“如意灵芝”之象，组成了中国神话传说中的神仙世界。

在“如意洲”以及“月色江声”岛上，还有假山、凉亭、水池等建筑供皇帝及随行者游玩休憩使用，其在意象上也是为了体现皇帝居于其上，宛如居于仙岛，仙岛有亭台庙宇楼阁，享乐其中便仿佛已经超脱俗世，到达了极乐之境。

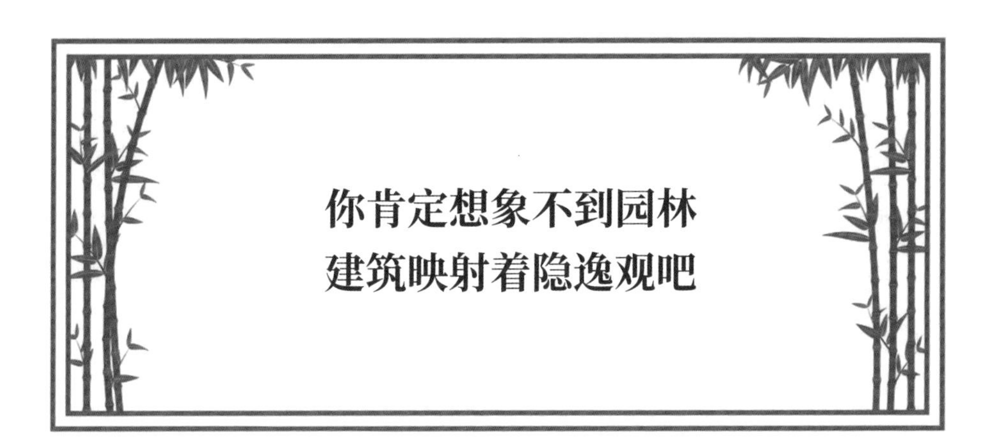

你肯定想象不到园林建筑映射着隐逸观吧

跨越时空的相遇

林中暗问

寄情山水，游玩赏乐，流觞曲水，吟诗作赋。古人热衷于游园观景，向往闲散生活，沉醉于“采菊东篱下，悠然见南山”的舒适意境，仿佛人与自然已经完全融为一体，我欣赏着风景，风景亦是我。但在这份悠远静谧、恬淡无声的田园生活之间，你是否感受到了他们避世独存的落寞思绪呢？

动荡年代催生的隐逸文化

隐逸文化起源于魏晋时期，指的是出世隐居，不问时事，以朴素平和的心境生活的一种文化现象。当时的社会因改朝换代十分频繁，局势动荡

不安，民不聊生。当时的文士忠臣心怀抱负，却无处施展，也为自己的生命安全而担忧。因此，许多文臣开始崇尚老庄的哲学思想，在虚无缥缈的境界中，寻找超脱的心境。用远离尘嚣、避世山林的方法隐居世外，借景抒怀，最终形成了隐逸文化。

魏晋之后，隐逸文化逐渐发展。到唐宋时期，因文人长期受儒家思想引导，形成了强烈的"君子之道"意识。在面对政治、强权、皇亲贵胄时，他们往往表现出极强的自尊心，遵守着他们内心的气节与良知。因此，部分文人志士常常遭遇仕途不顺、奸佞迫害的状况。文人所坚持的"道"与统治者遵循的"统"产生严重的冲突，无法解决这一问题的文人志士选择了归隐。有些是辞官为民，有些则前往山林，但都是郁郁不得志后为了逃避现世的不快而主观选择的隐逸。

隐逸观成为中国园林常见的主题的原因，除了在大环境下文人志士心中之道与皇家统治之间的冲突，还受到隐逸文化发展史上一些著名文人的榜样影响。如东晋诗人陶渊明，其归隐田园后创作了多首描写归隐生活的长诗，是田园诗派的创始人。后世许多文人在同样的境遇下，便都以陶渊明为榜样，追随前辈步伐，选择隐逸之路。

唐代诗人白居易在《闲题家池·寄王屋张道士》一诗中提到"不如家池上，乐逸无忧患"，展现的是白居易隐居于自家园林，自得其乐的状态。同时，白居易也总结了"中隐"这样一种隐逸方式，即在仕途上中庸且低调，在精神上隐居自家园林，解决了出仕保证温饱与隐居自在随心之间的矛盾。而在这些文人志士的隐逸之路上，"园林"正是其隐逸理想的现实载体。

园林建筑与隐逸文化

中国历代选择归隐之路的文人志士多有其独特的君子气节，他们选择归

隐园林之中，正是对现实中不公的一种无声的抵抗。因此，他们在修建一方园林时，同样将园林作为他们心中的净土来修筑，园林中的主题也多体现了如淡泊、坦荡、随心、宁静、平和等思想。

归隐江湖，田园生活

选择辞官归乡，隐居私家园林的文人，其园林自然是要体现自己归隐江湖、回归田园的精神气息。但如白居易、王维等虽在朝为官，但亦官亦隐的文人更需要在其园林之中体现隐逸观念。因为只有如此，他们才能在这一方天地之中求得一丝内心的安宁与畅快。

四处散发着归隐之思的江南园林

以文人园林见长的江南私家园林中便多有以“归隐”为主题的园林，其中建筑也多以“隐”为主题修建。如苏州的拙政园、网师园、沧浪亭、退思园等。其中，网师园是较有代表性的、体现归隐之意的文人园林。

网师园是南宋绍兴年间，侍郎史正志因反对张浚北伐而被劾，罢官退居姑苏时所筑园林，起先名为“万卷堂”，堂内花圃被取名为“渔隐”，有隐居于此的普通之人的意思。后清朝乾隆年间，曾官拜光禄寺少卿的长洲宋宗元在万卷堂旧址上重新建造，托原有“渔隐”之意，重新命其名为“网师园”，作为其归老之处。

网师园指的是“渔父钓叟之园”，宋宗元自比渔夫，亦有归隐之意。网师园中景点如“集虚斋”，取《庄子》中“唯道集虚，虚者，心斋也”之意，为修身养性之所；“竹外一枝轩”，则是取宋代著名词人苏轼的“江头千树春欲暗，竹外一枝斜更好”的美景命名，也有寄情山水之意。还有“月到风来亭”，以宋代诗人邵雍的诗句“月到天心处，风来水面时”命名，有随心自在之意。清代著名学者钱大昕评价网师园时描写：“地只数亩，而有行回不尽之致；居虽近廛，而有云水相忘之乐。柳子厚所谓‘奥如旷如’者，殆兼得之矣”，说的便是网师园中隐逸之趣浓厚，云水旷达，有悠然自得之感。

又如拙政园，原名为明代王献臣所起，王献臣在明代弘治年间曾升任御史。但同历史上归隐田园的文人志士一样，他在归隐之前也遭遇了仕途不顺的折磨。他两次被东厂缉事者诬陷，第一次遭诬陷，他身陷囹圄被施以刑

苏州网师园一景

罚，第二次则更是被谪至广东驿丞，后虽迁任永嘉知县，但对官场仕途已失望至极，无甚追求的王献臣最终选择了罢官回家。尔后，他便在宁真道观及大弘寺道的旧址上建造了拙政园，从此逍遥自得，乐得其所。王献臣《拙政园图咏跋》中所述"罢官归，乃日课僮仆，除秽植楥，饭牛酤乳，荷臿抱瓮，业种艺以供朝夕……"体现了王献臣归隐园林后，享受田园生活的轻松景象。

苏州拙政园中的淡雅景致

寄情于景，抒发胸臆

唐代房玄龄所著《晋书·王羲之传》中，曾这样评价王羲之——"羲之雅好服食养性，不乐在京师，初渡浙江，便有终焉之志。"这句话的大致意思是："王羲之喜好高雅，富有修养，不喜欢在京城为官，第一次渡过浙江，就有了在这里终老一生的想法。”王羲之在时任会稽内史时，曾于会稽山阴的兰亭与谢安、孙绰等名士举行风雅集会，并作《兰亭集序》，而后家喻户晓。

“是日也，天朗气清，惠风和畅。仰观宇宙之大，俯察品类之盛，所以游目骋怀，足以极视听之娱，信可乐也。”王羲之在《兰亭集序》中表达了其对人生的看法，虽然赏景作诗是其喜好的乐事，但又感叹世事无常，不知老之将至。这正是当时的文人志士经常出现的一种矛盾状态。王羲之一生对政事不感兴趣，醉心书法，后称病辞官，隐居绍兴。

如王羲之一般，既想游目骋怀，又哀叹人生之多艰的矛盾状态，在文人修建园林时亦有体现。文人希望能将风雅意趣融入园林建筑景色之中，虽归隐山林，但风雅乐事不能丢。品茶、观景、行船、对饮、吟诗、作画，归隐后方能借这样的风雅之事直抒胸臆，抒发原本在仕途中的憋闷情绪。

许多园林建筑以自然之物命名，如“依绿园”“涌翠山庄”“秀野园”等，体现园中景致无限接近于自然之感。清代著名苏州园林“听枫园”因园中有古枫树而得名，园林虽小但玲珑剔透，园中设“听枫山馆”，用以观赏园中美景，主要建筑还有味道居、红叶亭、适然亭等。园中景色构思精巧，北面庭院有湖石假山，山下有一小池，清澈见底。池西有半亭，池北有水榭，园内草木茂盛，不出城郭便有山林之趣。听枫园园主为清代著名的书画艺术家吴云，他居住于此，过着艺术家的写意人生，并常在此带徒作画，以园中之景为创作内容。其曾自称“宅居不广，小有花木之胜。”足以体现吴云对所居园林的喜爱。

知足常乐，平和宁静

知足常乐一词源于《老子》中的“祸莫大于不知足，咎莫大于欲得，故

知足之足，常足矣”这是道家提倡的一种人生理想。而这种思想又与儒家的“养生莫善于寡欲”以及佛家的“少欲知足，无染恚痴”的超脱理念相一致，表现了人一旦超脱功利，不追求极致或是不可得的东西，就会无忧无虑，达到精神升华的境界。

当郁郁不得志的文人隐居园林之间时，通常都会以“知足常乐”作为自己的理想追求。即便仍然在朝为官，也会选择此道，让自己无灾无难以达到精神上清静无为的归隐状态。比如在清代著名作家曹雪芹的文学巨著《红楼梦》中提到的甄士隐，他不念功名，居于府宅之内，拾花弄竹，作者在描写他时称之为“神仙也似的生活”。

仍然以苏州的文人园林为例。苏州的“曲园”是清代朴学大师俞樾的书斋。他本人十分喜爱自家的园林，也曾自号“曲园居士”。他十分欣赏自己在园中的状态以及园中的布景，曾描述园中之景为：“曲园虽偏小，亦颇具曲折。达斋认春轩，南北相隔绝。花木隐翳之，山石复嵲屼。循山登其巅，小坐可玩月。”

苏州曲园回峰阁建筑景观

俞樾一生洁身自好，以文房四宝为友，他离开官场之后，没有了在政治风浪中患得患失的担忧，得到了“风静月明”的宁静与闲适之感。不仅是留园的园记出自俞樾之手，苏州许多园林的园记也有不少是俞樾提笔撰写的。

小竹里馆是俞樾在1879年增建的建筑，也称“前曲园”，是俞樾的读书之处，在馆南有彭玉麟所赠方竹之林，故取唐代诗人王维《竹里馆》的诗名，名为小竹里馆。“独坐幽篁里，弹琴复长啸。深林人不知，明月来相照。”此诗中幽深静谧、怡然自得、空明澄净、远离世俗的境界正是俞樾内心世界的体现。

抛却世俗政事，珍惜眼前之人与眼前之景，在自在潇洒的园林生活中乐享天年，这样一种知足常乐的生活状态，也是隐逸文化在园林之中的一种体现。

怡亲娱老，血缘思想

除园主自身对于归隐、淡泊、宁静这一类理想的追求外，园林中还体现着另一类隐逸观念，即血缘关系为纽带的隐逸观。

百善孝为先，入世的园主修建园林是为了赡养自家的父母，建造之人希望自己的家人能够在园林中得到休憩和享受。这也是古人追求的“忠孝”能够两全的一种理想方式。明代文学家、名臣王鏊便曾修筑“怡老园”，供其父亲居住。“怡老”便是赡养父母长辈之意。

凡尘之上，神仙之境

在园林与传统思想的碰撞中，我们曾介绍古人对于神仙之境的追求，这之中又尤以皇家园林对神仙思想的追求最甚。比如承德避暑山庄中的“一池三山”“万壑松风”“云容水态”等绝景，模拟的都是凌云之上、仿若仙台的

神仙之境。

在民间，私家园林不敢以“一池三山”的建造模式仿神仙之境，但可以通过造景展现其“超然物外”的一种淡泊避世之心。在这种境界下创造出来的园林，也在无形之中展现了神仙之境的韵味。

比如扬州的“壶园”，在构思园林主题时，便引用了《神仙传·壶公》中的“壶中天地”的意象，这神仙壶公说的是后汉费长房为官时，市有老翁卖药，悬一壶于座，从壶口向内看别有洞天，有日月天地，有“壶天”之称，人称壶公。后来人将园林命名为“壶园”，是比喻园林如壶中天地，虽面积不大，园中景色却能以小见大，方寸之间有无限辽阔之感。

又如明代文学家、史学家王世贞的私家园林“弇山园”，也是依据《庄子》《山海经》等书中“弇山”“弇州”等仙境意象而设计的，他也自号“弇州山人”，以显示自己已经拥有了跳出红尘之外，俯观万物的脱俗之境。

苏州弇山园景观

第六章

诗情画意，文华绮秀

带你游赏园林感悟诗书

园林的发展经历了一个漫长的过程，由不成熟走向成熟，由物质走向精神。隋唐时期，文人墨客积极参与园林的营造，将审美情趣、人生态度与园林景物相结合，因画成景，以诗入园。宋代，出现了用以写意的山水园林。明清时期，园林在原有的基础上加以发展，并具有了“文人化”特征，发展历程达到巅峰。

园林是地道的“生活艺术化、艺术生活化”的产物，彰显了文人们追求自由的情怀以及对大自然的热爱之情。“诗是无形画，画是有形诗”，能诗擅画的文人们在创作中逐渐将诗、书、画三者融为一体。在诗书、绘画等艺术的影响下，园林将诗文与绘画中所蕴含的绵绵的诗情与画意巧妙地融入其中，形成了构思独特、充满意境的园林艺术。接下来将带大家共同游赏园林，感悟园林中所体现的诗情画意、文华绮秀。

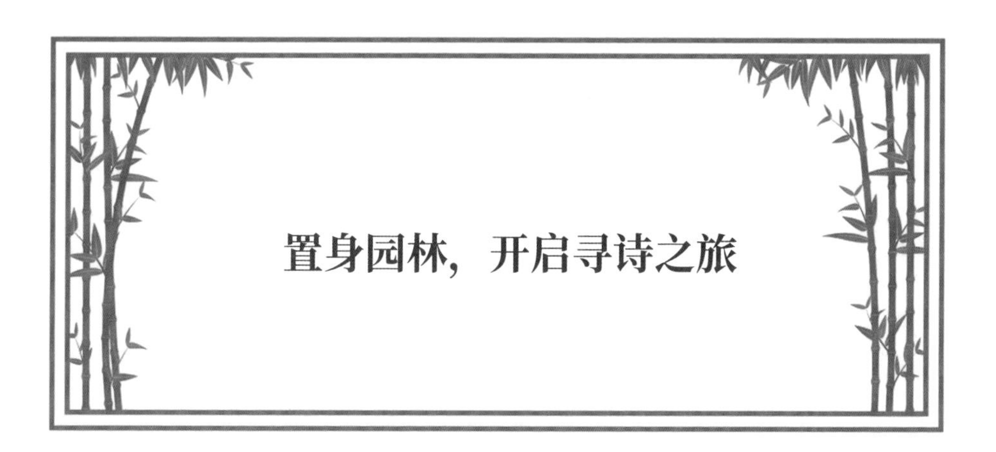

置身园林，开启寻诗之旅

跨越时空的相遇

林中暗问

中国文化的最高境界非诗莫属，而中国建筑的最高境界则非中国古典园林莫属。中国古典园林中的“建筑意”指的是中国古典园林中的“意境”“构思”“气韵”“创意”，是千百年来中国文学中“诗意”的养成。置身园林，我们会发现，很多中国古典园林的置景构思源于古诗文。那么，这些诗文中所体现的意境是如何影响古典园林的造景布局的呢？

中国古代著名诗人陶渊明、王羲之等的思想和诗文意境对古典园林的置景构思产生了深远的影响，诸如主题园名、景物形象等。此外，园林中的文学品题也体现了园林景观的诗化，透露了造园设景的文学渊源，使园林艺术景观得到了美的升华。

中国古诗文的意境——园林的灵魂

陈从周先生在《中国诗文与中国园林艺术》一文中说过："园之存，赖文以传。相辅相成，互为促进，园实文，文实园，两者无二也。"

因此，中国园林又可称为"文人园"，古人的诗文意境构成了园林造景的依据与宝贵题材，是中国古典园林的构园之本。

归园田居，三径小饮——陶渊明思想

陶渊明开创了中国的田园诗流派，其诗词歌赋对中国园林的置景构思产生了巨大而深远的影响。他的《归园田居》诗五首和《归去来兮辞》表达了对质朴的田园生活的向往。许多园林构园的主题意境皆来源于陶渊明诗文中所体现的"归隐"思想。

江南地区有很多古典园林的主题园名正是源于陶渊明的诗文。比如，苏州的"归田园居""三隐小径""耕学斋"分别源于诗句"开荒南野际，守拙归园田""三径就荒，松菊犹存""既耕且已种，时还读我书"，杭州的"皋园"源于诗句"登东皋以舒啸，临清流而赋诗"，还有扬州的"耕隐草堂""容膝园"等。

此外，陶渊明的诗文意境也被园主融入园中各种景物形象之中。比如，明代顾大典的"谐赏园"，园内布局与景观设计均以陶渊明的归隐思想为造景依据，其中以"载欣堂""静寄轩"等景点最具代表性。根据诗句"采菊东篱下，悠然见南山"，我们可以探寻至拙政园及狮子林的"见山楼"。瞥见

狮子林五松园内刻有“怡颜”“悦话”的砖石，我们便能追溯到诗句“庭柯以怡颜”“悦亲戚之情话”。“吾爱亭”取自“吾亦爱吾庐”之意，而“夕佳亭”则取自“山气日夕佳”的诗文意境。

拙政园见山楼

崇山峻岭，流觞曲水——王羲之思想

晋朝王羲之是中国著名的书法家。东晋穆帝永和九年（公元353年），王羲之与孙绰、谢安等人在绍兴的兰亭进行修禊（修禊指一种为了去除疾病和灾祸而举行的活动），众人把酒言欢，吟诗作赋，王羲之即兴挥毫为此诗集作序，便创作了有名的《兰亭序》。此帖为草稿，共计28行，324字，记述了当时文人们大规模集会的盛况，流觞曲水，吟咏其间。其中“崇山峻岭，茂林修竹”的自然胜景和水畔进行“文字饮”的形式成为古典园林的建景依据，比如故宫乾隆花园的“禊赏亭”，恭王府的“流杯亭”，隋炀帝曾建的“流杯殿”等。

江南也有很多体现王羲之“崇山峻岭”“流觞曲水”之意的园林。苏州东山的“曲溪园”利用其地“崇山峻岭，茂林修竹”的天然地理条件，在流泉上游修筑堤坝，将水流拦住并积蓄起来，通过人工引导使之流经园中，再泄入湖中，造成“清流急湍，映带左右，引以为流觞曲水”的诗意景象。此外，苏州园林中还有依据“流觞曲水”意境进行布局的景点，如留园的“曲溪”楼，曲园的“曲池”“曲水亭”等，均取“曲水流觞”之意。

苏州留园曲溪楼

园林中除依据陶渊明和王羲之的诗文意境所建造的园林景观之外，还有很多以其他诗文作为造景依据而设置的景点。以唐宋诗词为例，颐和园后山的“看云起时”景点以王维诗句“行到水穷处，坐看云起时”为依据，营造了一种“坐山观云”的美妙意境；颐和园的“云松巢”景点从李白诗句“吾将此地巢云松”中获得灵感，从而以此命名；嘉兴烟雨楼的“楼台烟雨堂”则是出自杜牧诗句“南朝四百八十寺，多少楼台烟雨中”的诗文意境。宋理学家周敦颐隐居濂溪，植荷花，并写出了著名的《爱莲说》，成为圆明园“濂溪乐处”“映水兰香”、承德避暑山庄“香远益清”、拙政园“远香堂”等景点的依据。

嘉兴南湖烟雨楼

赏“园”乐事

寒碧山庄——留园

留园，是苏州古典园林，位于苏州阊门外留园路338号，始建于明代。清代时称“寒碧山庄”，俗称“刘园”，后改为“留园”。留园与北京颐和园、承德避暑山庄、苏州拙政园并称为中国四大名园。

留园是中国十大古典私家园林之一，总面积达23300平方米，园内布置巧妙，以精湛的建筑艺术著称。造园家结合多种艺术手法，构成了构思巧妙、富有韵律与节奏之美的园林空间体系。留园内的主要景点有绿荫、恰杭、可亭、西楼、花房、冠云峰、明瑟楼、冠云亭、冠云台等。

全园大致分为中、东、西、北四部分，中部为原留园所在。现园分四部分，为主题不同、景观各异的东、中、西、北四个景区：东部以建筑为主，有涵碧山房、绿荫轩、明瑟楼、曲溪楼等；中部是山水花园，以水池为中心；西部是土石相间的大假山，用石以黄石为主，雄奇古拙，为16世纪周秉忠叠山遗迹；北部则为田园风光，淡雅脱俗。

留园是典型的南厅北水、隔水相望的江南宅院的模式，其整体布局使游人有机会同时领略到山水、山林、田园、庭园四种不同的景色，其变化无穷的建筑空间令人叹为观止。

留园建筑艺术的一大特点是充分运用了空间大小、方向、明暗的变化，结合漏窗、洞门等精妙的设计将狭窄入口内、两道高墙之间的一条长约50余米的单调通道处理得意趣无穷。园内空间环环相扣，营造了一

种层层加深的视觉效果，呈现在游人面前的是小院深深的景象，是设计精妙、错落有致的建筑组合。

留园一隅

留园内千姿百态、赏心悦目的园林景观，呈现出诗情画意的无穷境界，令游人沉醉其中，流连忘返。

中国古典诗文成为园林“文心”，园中景致也洋溢着这些诗文意境，两者相辅相成，交相辉映，既把优美的景带入诗中，使诗文表现的景象更加生动形象，又将优雅而脍炙人口的诗句融入园中之景，使景的意蕴更加隽永。置身园林，徜徉园中，细细品味玩咏，犹如穿行于古代诗文之中，给人以无尽的回味。

园林景观的诗化——文学品题

中国园林中的文学品题是指厅堂、楹柱、门楣上和庭院的石崖、粉墙上留下的历代文人墨迹，即匾额、楹联和摩崖。它们是中国古典园林艺术中不可或缺的组成部分，是园林景观的一种诗化，是不可多得的艺术珍品。

读之有声，观之有形——匾额

中国古典园林中的匾额题刻主要被用作园名、景名，是一种独立的文艺小品，内容涉及形、色、味、情、声、影等多方面，使游人读之有声、观之有形、品之有味。匾额大多取自古代的诗文佳作，典雅含蓄，立意深邃，引人遐思。匾额蕴含着创作者的情感、审美与人生态度，建筑物因其而获得了生气与灵魂，游人置身其中，细细品味，领悟匾额中所包含的深长意蕴与丰富情感。

圆明园的“鱼跃鸢飞”、上海豫园的“鸢飞鱼跃”出自《诗经·大雅·旱麓》中的诗句“鸢飞戾天，鱼跃于渊”，表明了怡然自得的心理。理学家也将鱼跃鸢飞这类充满生机的自然景象视作宇宙本体与表象间必须具有的境界。曲园的“春在堂”取自俞樾在应礼部复试时答卷的首句“花落春仍在”，受到主考官曾国藩激赏，因“用作堂名，以志不忘”。

浅貌深衷，蓄意深远——楹联

楹联指悬挂在厅馆楹柱上的对联，对仗工整，音调铿锵，富有节奏，蓄意深远，为广大游人所喜爱。园林中的对联所涉及的内容较为广泛，既有写

景状物、抒发情怀，也有对历史人物的评说以及对对联技巧的极致运用。

园林对联大多是古代文人雅士的览景抒情之作，他们游览园林山水，寄情于山水之间，借以表达自身的情感抱负与审美情趣。游人通过对园林对联进行字斟句酌，仔细品读、赏析，便可窥见古代文人的情感世界，妙不可言。如沧浪亭的锄月轩中的对联“乐山乐水得静趣，一丘一壑自风流。”上联出自《论语·雍也》篇，下联取自宋代辛弃疾《鹧鸪天》词“书咄咄且休休，一丘一壑也风流”，描述了作者乐山乐水、悠然自得之情。又如濯樱水阁的对联“于书无所不读，凡物皆有可观。”上联出自宋代苏辙的《上枢密韩太尉书》“百氏之书，虽无所不读，然皆古人之陈迹，不足以激发其志气”，下联出自苏轼的《超然台记》“凡物皆有可观，苟有可观，皆有可乐，非必怪奇伟丽者也”，意为只有超脱一切，才能安然自得，表达了作者乐观豁达的人生态度。

对联中对历史人物的评说不禁令游人缅怀历史，感触颇深，如苏州沧浪亭原有清齐彦槐的一副对联“四万青钱，明月清风今有价；一双白璧，诗人名将古无俦。”上联化用宋代欧阳修《沧浪亭》中的诗句“清风明月本无价，可惜只卖四万钱”，下联则歌颂了同被罢黜、先后在沧浪亭居住的诗人苏舜钦和爱国将领韩世忠。

此外，园林中有些对联工于技巧，采用嵌字、拆字、回文、叠字等形式和修辞手法，构思巧妙独特，寓意新颖深刻，令人赞不绝口。如怡园中石听琴室内的一副嵌字联“素壁写归来，画舫行斋，细雨斜风时候；瑶琴才听彻，钧天广乐，高山流水知音”。该对联均出自辛弃疾之词，由清代著名词人书法家顾文彬集句，表达了园主建造园林景观的意图，使得整个怡园更显婉约典雅、意蕴悠长。上联出自《水调歌头·再用韵答李子咏》中的诗句“我愧渊明久矣，独借此翁湔洗，素壁写归来”，描写了作者的弃官归隐之志。而下联则出自《谒金门·山吐月》中的诗句“山吐月。画烛从教风灭。一曲瑶琴才听彻。金蕉三两叶。骤雨微凉还热。”该诗将“听琴”二字完美嵌入其中，意境悠远。又如上海豫园的一副对联：“莺莺燕燕，翠翠红红，处处融融洽洽；风风雨雨，花花草草，年年暮暮朝朝。”全联由十四对叠字组成，节奏鲜明，朗朗上口，韵味十足。

园林文学品题通过古代诗文名句，深化了园林景观的内涵，使得园林的美学和艺术价值得以提升，从而使人们获得尽可能丰富的美感，体会园林景观所展现的诗意之美。

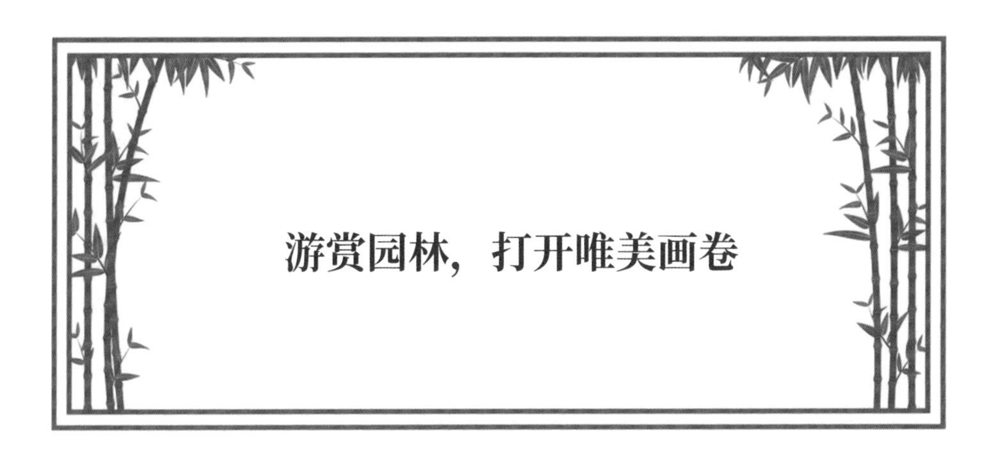

游赏园林，打开唯美画卷

跨越时空
的相遇

林中暗问

中国画是中国的传统艺术，其在内容和艺术创作上，展现了人类对自然、社会以及与之相关的哲学、文艺等方面的认识。中国古典园林与中国画亦有着千丝万缕的联系。那么，二者间究竟有什么联系呢？

古典园林与中国画都属于中国的传统艺术，具体而言，中国画是平面的“园林”，而中国园林则是立体的“画”。中国古典园林与中国画有着紧密的联系，二者相互影响、相互渗透。大体而言，中国古典园林伴随着中国画的发展而发生相应的变化及发展。

“园”来如此

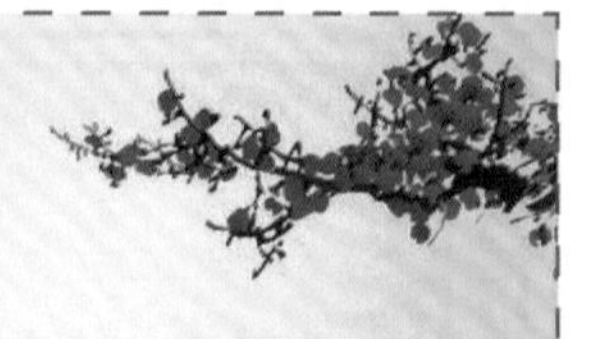

中国画的概念

中国画一般指国画（中国传统绘画形式），国画一词最早见于汉代，汉朝人认为，中国位于天地的中央，因此称为中国，中国的绘画则被称为“中国画”，简称“国画”。国画是汉族的传统绘画形式，主要指的是一种卷轴画，在宣纸、帛等材料上用毛笔蘸水、墨、彩等颜料进行作画并加以装裱。国画包含人物、山水、花鸟等多种不同题材，可分为具象和写意两种技法。

中国古典园林与中国古代画家

中国古代很多画家都曾对中国古典园林进行过描绘，画风从追求客观转为侧重刻画神韵。很多园林因有名家为其作画而获得极大声誉。有些画家还亲自参与中国古典园林的谋划和建造，使中国园林与中国画相互映衬，融为一体。

描山绘水，隽永传神

中国古代画家对中国古典园林的描绘主要体现在山水画中。山水画确立于南北朝时期，在唐朝发展成为中国国画的重要组成部分。

北宋时期，山水画多采用大山、大水和全景式构图，对景物进行较为客观忠实的描绘，追求形似，主观色彩较为淡薄，代表画家有李成、范宽等。

南宋时期，画家创作的山水画较为含蓄地表达了一种诗的意境，绘画不再追求对景物的忠实刻画，而是将与主题无关的景物统统删除，从而留出大片空白，对景物的刻画也更为精致巧妙、深入透彻，代表性画家有马远、夏圭等。

元朝时期，文人画正式确立。该时期人们的审美趣味发生了重大的改变，绘画风格也由求形似转为重写意，文人在绘画过程中更加注重笔墨神韵的刻画，画风简淡高逸，追求点、线和墨韵的形式美与结构美，寄情感于山水画之中，代表画家有黄公望、王蒙、吴镇等。

明清时期是山水画的鼎盛时期。明朝时，山水画逐渐形成了“吴门派”“浙派”“松江派”“院体派”等多个流派。其中，以徐渭的画作见长，其画风豪迈泼辣，使诗、书、画、印的结合获得了新的发展。

清朝时期，朱耷、原济、弘仁等画家突破古人山水画的樊篱，对山水画进行了大胆革新，他们反对临摹古人山水画，主张创新和不拘一格，提出了“借笔墨以写天地万物，而陶咏乎我”“法自我立”“黄山是我师，我是黄山友”等理论主张，将山水画推向高峰。

中国古典园林的起源早于山水画，但在其发展的转折期、全盛期及成熟期，中国古典园林基本与山水画相对应，二者相辅相成，互为促进，共同发展，成为中华民族文化遗产中的重要组成部分。

以画为据，造园建林

中国古代很多画家亲自参与了中国古典园林的谋划和建造工作。王维被后世尊称为泼墨写意山水创始人，创作了“画中有诗”的山水画，开创了“泼墨法”，并用诗画结合的方式建造了园林“辋川别业”。

北宋时期，一代帝王兼著名画家宋徽宗亲自当总设计师，广集宫廷画家智慧，指挥造园，并在园林建设过程中亲自参与选材、山水塑造等工作。

元朝时期，著名画家倪瓒利用乡村天然的地理条件，以河为墙，种花植树，构建了写意山水园林“清閟阁”。

明清时期，更多画家参与到园林的建设中，苏州园林几乎都与画家有关。明朝时期，画家周秉忠为留园叠山，叠成一座高三丈、宽二十丈的石屏；耦园由园主沈秉成、严永华夫妇和画家顾沄共同谋划建造；怡园则由顾承等画家参与规划而成。

苏州耦园一隅

苏州怡园一隅

此外，也有很多中国园林因著名画家为其作画而声名大振，如苏州的狮子林因著名画家倪瓒为其作画而获得了极大声誉。中国古代画家为中国古典园林作的画，较为著名的还有沈周的《东庄图册》、文徵明的《拙政园图册》、仇英的《园居图》等。

赏“园”乐事

狮子林园与倪瓒的《狮子林图》

狮子林，苏州四大名园之一，始建于元代，是中国古典私家园林建筑的代表之一，同时又是世界文化遗产、国家AAAA级旅游景区。

狮子林位于苏州城内东北部，因园内石峰林立，多状似狮子，故名“狮子林”。狮子林平面呈长方形，面积约15亩，林内的湖石假山布局巧妙，建筑分布错落有致，主要建筑有燕誉堂、见山楼、飞瀑亭、问梅阁等。

在狮子林中，出花篮厅或五松园，沿廊可到达真趣亭。廊的左侧尽头墙上嵌有倪瓒的《狮子林全景图》石刻。该图是倪瓒于洪武六年（公元1373年）所作。

那么，倪瓒的《狮子林图》与狮子林园究竟有什么联系呢？这就要从乾隆帝爱新觉罗·弘历说起了。在清宫养心殿中，收藏有一幅元代画家倪瓒的《狮子林图》，乾隆帝对此绘卷珍爱有加，曾反复题跋，留下大量的题字和“御制诗”，并终其一生对《狮子林图》的真伪进行多次考证。

乾隆帝于乾隆二十二年依据倪瓒的《狮子林图》探寻狮子林园的下落，寻访到当时已然残破的狮子林园，自此之后，携倪瓒（款）《狮子林图》到苏州观赏狮子林园成为乾隆帝南巡之行的乐趣之一。

因不满于只在南下之时观赏园林，乾隆帝萌生了于京师仿建的念头，在皇家园林掀起了效法江南园林的高潮。1774年竣工的承德避暑山庄，其东部便是以假山为主的“狮子林”。东部的“狮子林”与西部以水池为主的文园共同构成了有名的景观——“文园狮子林”。

中国古典园林与中国绘画的渊源

中国古典园林在造园理论上和中国画的绘画之道一脉相承，二者都讲究体现构图的层次感，它们在设计原则和表现手法等方面也有诸多相通之处。

构图巧妙，意境深远

构图的层次在中国古代文人画中体现得淋漓尽致，而在中国古典园林艺术中，深远而富有层次的空间构图同样发挥着重要作用。就层次而言，中国画讲究“三远”透视法，宋郭熙在《林泉高致》中曾提到山的三远：自上而下的高远，自前向后的深远和由近及远的平远。中国画的“三远”透视法在中国古典园林中得到了充分的运用，如拙政园的中花园，在远香堂前的平台上看水中三岛，犹如一幅平远山水画。

此外，中国园林综合运用的对景、障景、借景、点景等造景方式，与中国山水画中采用视点运动的鸟瞰画法，即散点透视画法等画理有着异曲同工之妙。

中国古典园林在布局和构图时讲究“虚、白”意蕴，白粉墙即为绘画中的“留虚”。以拙政园为例，园内的十八曼陀罗花馆的南面天井中，靠南白粉墙种有 18 株不同颜色的山茶花和 2 株白皮松，东角配有一座假山，构成了一幅由山茶花、白皮松和假山组成的立体画面。

中国古典园林在布局和构图上还注重幽趣、静趣，与画理讲究的静远、曲深一脉相通。颐和园后园水流蜿蜒曲折，两岸的绿树浓荫遮天蔽日，静远曲深；文人园清泉细流，诠释了诗句“明月松间照，清泉石上流”的清、静。

山石掩映，别具一格

中国古典园林在处置植物的配置及山石的掩映时，遵从山水画的设计原则，“山颠植大树虚其根部，得倪瓒飘逸画意，山颠山麓树木皆出丛竹或灌木之上，山石并攀以藤萝，使望去有深郁之感，得沈周沉郁之风。”

中国古典园林在假山的处置上也经常以叠山的画理为依据，我们可以从不同的角度去欣赏假山的“画意”。如留园的楠木厅前的假山，东西通达，灵巧自然，山上还有花草藤蔓点缀，充满画意，此为40多年前重修时画家与叠山师商量而成的作品。

留园假山景观

在叠山造诣方面，最为有名的当属清代初期著名画家石涛叠山的“人间孤本”。他依据“皴有是名，峰亦有是形”的画理叠山，将山石叠成了“一峰突起，连冈断堑，变幻顷刻，似续不续”的形态。

“园”来如此

叠山

叠山又称“堆山”“掇山”，指的是一种人工堆造假山的方法，以规模大、用材多、结构复杂、技艺高超为特点。叠山讲求“虽由人作，宛自天开”，以“小中见大”的手法，用写意的方式来模拟自然中的山体，使其具有真山的神韵。

明代造园家计成在《园冶》中曾论述道：“园中掇山，非士大夫好者不为也。为者殊有识鉴。”意思是说，园中堆假山，非风雅大夫不为，能做这件事的人一定很有见识而且鉴赏力极高。计成认为园山要因其自然，高低错落地分散堆置，疏落有致才能营造佳境。

壁山，即靠墙叠置的假山，又称“峭壁山”。《园冶》中有论述：“峭壁山者，靠壁理也。藉以粉壁为纸，以石为绘也。理者相石皴纹，仿古人笔意，植黄山松柏、古梅、美竹，收之圆窗，宛然镜游也。”大意为：峭壁山靠墙叠就，好像以白墙为纸，以山石作画，叠山时要依据石的皴纹，仿照古人的笔法画意，在山上种植黄山松柏、老梅、修竹等，这些美景纳入圆窗，令人有镜中游的感受。

中国古典园林与中国“南北宗”国画

明代书画艺术家董其昌在《画禅室随笔》中把山水画分为“南宗”和“北宗”：南宗是指王维开创的写意水墨山水派，强调书卷气与画的神韵，富有浪漫色彩；北宗是指唐代李思训父子开创的金碧山水画风，工笔重彩，偏重实景和形似。

受南北宗绘画理论的影响，中国的园林艺术形成了具有不同风格的南北园林。南方园林以江南私家园林为代表，形成了清秀淡雅的风格；北方园林以皇家园林为代表，形成了富丽堂皇的风格。

园林色彩指建筑色彩和植物色彩。就园林色彩而言，北方的皇家园林建筑大多采用黄色琉璃瓦顶和朱红门墙，雄伟壮丽，色彩鲜明，整体上体现了气势恢宏、富丽堂皇的皇家气派。

南方的江南私家园林风格恬静优雅，色彩多古雅平淡，以水墨淡彩为宗，旨在刻画丰富的内心世界，彰显超然、虚无的个人精神。为适应夏季炎热的特点，园内建筑的色彩多采用白、灰、黑等冷色调，植物以白、蓝、紫或墨绿色为主。

游赏园林，犹如打开一幅唯美诗意的画卷，画中有林，林中有画，优雅隽永，意境深远，让人沉醉其中，流连忘返。

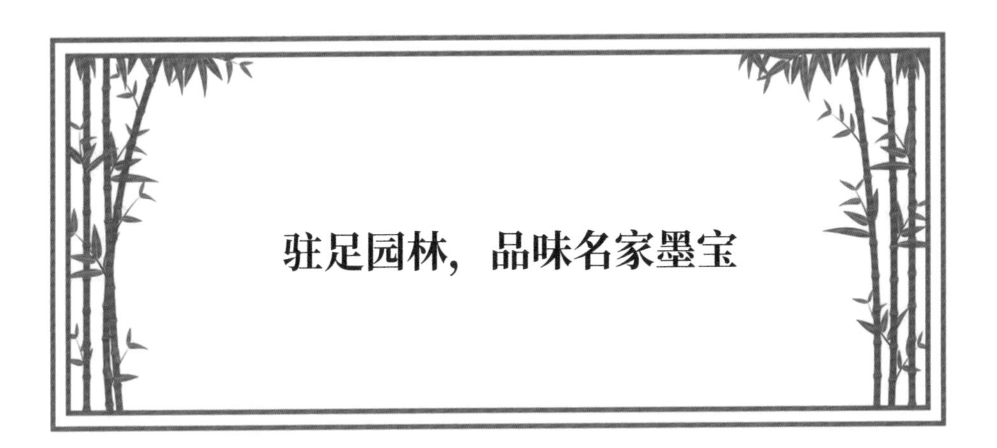

驻足园林，品味名家墨宝

跨越时空的相遇

林中暗问

中国历代文人大都善提笔执书、吟诗作画。中国古典园林被誉为文人修心养性的娱乐场所，书法艺术也由此逐渐被带入园林的建造中。那么，书法艺术的发展经历了怎样的过程呢？书法艺术与中国古典园林间又有什么联系呢？

园林书学是中国园林艺术的重要组成部分。各大园林所珍藏的历代名人书法不仅使园林氤氲着书香墨气，也使游人从名家墨宝中窥见中国书法的源远流长，领悟中华文化的博大精深。

北碑南帖——书法艺术在中国园林的发展

书法艺术最早进入的是寺庙名胜。魏晋时期，寺庙为书家大展身手提供了广阔的空间和场所，钟繇、皇象、王羲之父子等均为当时较为著名的书法大家，他们都在寺庙园林中以庙碑或塔铭的形式留过书法真迹。

南朝禁止碑铭，书法以帖的形式得以流传。北朝则注重石窟造像，书法以碑志塔铭、造像题记以及幢柱刻经等形式流传，至此，中国书法形成了北碑南帖的局面。

隋唐时期，书家为寺庙园林留书蔚然成风。宋代帖学处于兴盛时期，题碑书经逐渐淡出人们的视线。至明清时期，题碑书经更是被著名书家所遗忘。“南帖”大多以“书条石”的形式镶嵌在林中曲折长廊的粉墙之上、厅堂壁面之间。与此同时，该时期皇家园林收藏大量的名家墨宝，其中最为著名的是乾隆在故宫专用来珍藏历代书法真迹的“三希堂”。

名家法帖——中国园林艺术的瑰宝

历代名家书法墨宝为皇家园林、私家园林和寺庙园林所珍藏，以匾书、楹书、卷轴条幅、书条石等形式得以流传至今，成为形象生动的中国书学史长廊。

琳琅满目，稀世珍宝——皇家园林名家书法墨宝

在封建社会，皇帝是天下之主，号称“天子”，奉天承运，代表上天统治平民百姓、文武百官。他的地位至高无上，居于统治阶级的金字塔顶端。

因此，凡是与皇帝有关的起居环境，如宫殿、园林乃至都城等，无不尽显雍容华贵、宏伟壮丽的皇家气派和皇权的至高无上。

毫无疑问，皇家园林中的书法墨宝也是我国古典园林中最多的。例如，乾隆在故宫设立“三希堂”专门用来珍藏历代名家书法真迹。《养古斋丛录》卷十七载：“三希堂者，乾隆时以右军（王羲之）《快雪时晴帖》、大令（王献之）《中秋帖》、王殉《伯远帖》墨迹，皆希世珍也，藏之而名堂曰三希。”

书卷氤氲，内涵丰富——私家园林名家书法墨宝

私家园林为民间的官僚缙绅所有，为给自身提供悠然惬意的娱乐场所，他们也开始兴建园林，并以此作为一种彰显其身份、地位及财富的手段。为显示其社会地位，他们中不少人常常舞文弄墨，书法由此被带入私家园林之中。

私家园林的园主以壁悬晋唐墨迹为尚，并且热衷于在园中用书条石的形式摹刻于粉墙之上，成为园林艺术的重要特征之一。

书条石也称“诗条石”，一般采用条形青石制作，上面镌刻着园主收藏的名家法帖，大都镶嵌于园林廊壁之上，与碑刻、楹联、匾额等营造出一种氤氲的书卷气息，游人畅游其中，便能感悟名家法帖的丰富内涵与无限魅力。在私家园林中，苏州园林堪称书法艺术的典范，园林内书条石数量众多，其中尤以怡园、留园、狮子林和拙政园的书条石最为有名。

赏“园”乐事

留园书条石

留园始建于明代万历年间，距今已有四百多年的历史了。

留园书条石

岁月变迁，草木更替，一切似乎都在发生着变化，留园也在岁月的更替中换了一代又一代主人，经历了一次又一次的修缮，但有些东西却能在岁月的长河中屹立不倒，流传至今，那就是石头。在这些石头之中，有些是闻名遐迩的假山，有些则是镌刻文人艺术的书条石。

书条石具有极高的艺术和收藏价值，留园的书条石共370多方，包括自三国魏人钟繇至晋、唐、宋、元、明、清各时期100多人的作品，

成为“南帖”集大成者。其中，“闻木樨香轩”的北面游廊收有王羲之《鹅群帖》71块、王献之《鸭头丸帖》《地黄汤帖》等，蔚为壮观；“曲溪楼”下东边的廊壁上分布着欧阳询、虞世南、颜真卿、张旭、怀素、孙思邈、狄仁杰等人的法书。“留园法帖”中还保存有“宋四家”的法书，其中有苏东坡的《赤壁赋》、蔡襄的《衔则》、米芾为蔡襄《衔则》所写的跋以及黄庭坚为范仲淹《道服赞》写的跋。

碑志塔铭，意韵深远——寺庙园林名家书法墨宝

我国寺庙园林通常地处风景优美的地带，讲究内部庭院绿化，且不许伐木采薪，因而古木参天、绿树成荫，不同于皇家和私家园林的建筑特征。

我国的寺庙园林中，书法墨宝以匾书、楹书、碑铭、卷轴条幅等形式得以流传。秦汉以后涌现出众多名碑，汉代名碑有《乙瑛碑》《礼器碑》《西岳华山庙碑》等。隋唐时期，名碑数量众多，以丁道护的《启法寺碑》、虞世南的《孔子庙堂碑》、欧阳询的《化度寺故僧邕禅师舍利塔铭》、颜真卿的《多宝塔感应碑》及柳公权的《大达法师玄秘塔碑》等为代表。

在众多的寺庙园林中，尤以苏州寒山寺和西安碑林中所收藏的名家书法墨宝最为有名。

寒山寺中珍藏有宋代抗金名将岳飞的手书真迹：“三声马蹀阏氏血，五伐旗枭克汗头”，闻名遐迩。宋代著名书法家张樗寮所书《金刚般若波罗蜜经》，也为传世佳作。

西安碑林内藏有汉魏、隋唐、宋元明清各时期碑志共2300余件，如汉代的《曹全碑》、晋朝的《司马芳残碑》、唐代碑刻众多，如唐玄宗亲笔执

书的《石台孝经》等十三经、颜真卿的《颜氏家庙碑》、怀素的草书《千字文》等。

西安碑林内的碑文

第七章 草木有意，山水有情

就让我带你们游遍中国园林吧

中国古典园林是中国古代艺术和文化的结晶，也是世界文化遗产的重要组成部分。风格迥异的园林建筑、精湛高超的造园艺术以及富有诗意的叠山理水使中国园林赢得世人的青睐。

根据园林所有者的身份，可将中国古典园林分为皇家园林、私家园林、寺庙园林以及名胜园林。让我们一同走进富丽堂皇的皇家园林，探寻历代帝王嫔妃的修身之地、游乐赏玩之所；置身于淡雅脱俗的私家园林，品味文人雅士的逸致闲情；徜徉于庄重严谨的寺庙园林，感受与世无争的淡泊宁静；身临风景旖旎的名胜园林，享受大自然的鬼斧神工。

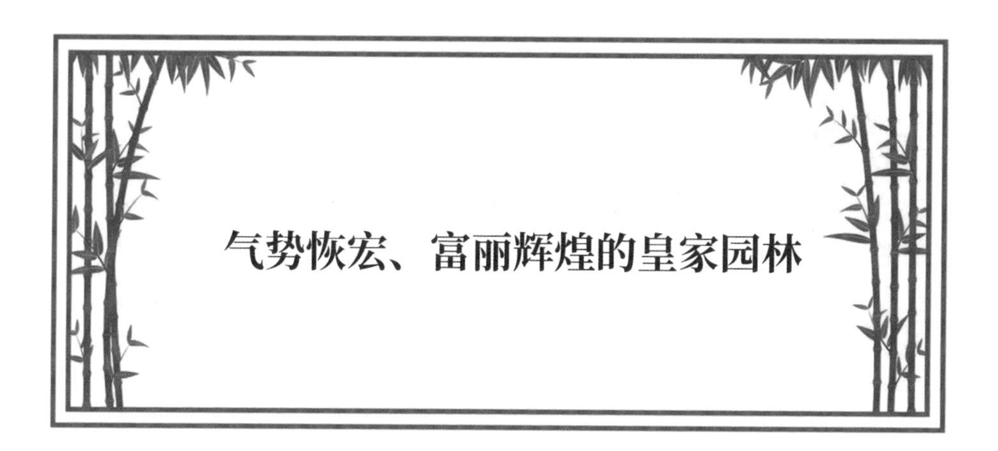

气势恢宏、富丽辉煌的皇家园林

跨越时空的相遇

林中暗问

皇家园林为中国园林的三种基本类型之一，在古籍里面称为“苑”“囿”“宫苑”“御苑”，是皇家生活环境的重要组成部分。那么，皇家园林有哪些形式呢？不同类型的皇家园林，其布局又有何特点呢？

在中国封建社会，帝王君临天下，享有至高无上的权力。与此相对应的，一整套突出帝王至上的礼法制度也必然渗透到与皇家有关的一切政治仪典、生活环境之中，表现出所谓的皇家气派。

皇家园林作为皇家生活环境的重要组成部分，气势恢宏、富丽堂皇，尽显雄伟壮观、至高无上的皇家气派。根据园林规模和形式，皇家园林可

宏伟的北京故宫

分为内廷花园、行宫苑囿和离宫苑囿三种类型。根据园林所处地理位置，皇家园林可分为黄河流域皇家园林建筑、南方皇家园林建筑和北方皇家园林建筑。

内廷外囿，富丽堂皇

皇家园林根据园林规模和形式可分为内廷花园、行宫苑囿和离宫苑囿三种类型，规模庞大、布局完整、功能多样、富丽堂皇。皇家园林不仅是游山玩水的娱乐场所，同时还设有处理朝政、居住休息以及读书的场所。园林建筑品种丰富，种类繁多，既有雄伟壮丽的殿堂建筑，也有精致典雅的建筑小品。

布局严谨，建筑规整——内廷花园

内廷花园又称为大内御苑，将宫殿和园苑相结合，是宫廷的附属和延伸。至今仍保存完好的皇家内廷花园有御花园、建福宫花园和慈宁宫花园，

它们设计完整，各具特色。

北京故宫御花园延和门

御花园位于故宫南北中轴线的北段，坤宁宫北面，是故宫中轴线建筑群的结尾。御花园始建于明永乐十八年（1420 年），是供皇帝、后妃游乐赏玩的场所。园内建筑布局严谨，对称均衡，具有明显的皇家内廷宫苑建筑规整、庄严的特点。

建福宫的西花园是古代汉族园林建筑之精华，为帝后休憩、娱乐的场所。建于清乾隆五年 (公元 1740 年)，位于故宫内廷西六宫的西北侧。建福宫花园东侧为重华宫，南侧为建福宫，西、北两面邻接宫墙，因其主体建筑为建福宫，故称其为建福宫花园。又因该花园地处内廷西侧，亦称西花园。

北京故宫建福宫西花园里的惠风亭与宫殿群

慈宁宫花园位于慈宁宫以南，始建于明嘉靖年间，成为太后、太妃们休息的场所，同时也是礼佛之地，布局较为疏朗。

北京故宫慈宁宫

规模宏大，构山架水——行宫、离宫御苑

行宫和离宫御苑的建筑规模要比内廷花园大得多，通常建在京城附近风景优美的山林郊外。行宫和离宫御苑的特点是不受地域面积限制。迄今为止保存比较完好的行宫和离宫御苑有颐和园、避暑山庄、北海等。

颐和园是我国现存最完好、规模最为宏大的古典园林，既有南方园林的山明水秀，又具有北方园林的恢宏壮丽。颐和园包括万寿山、昆明湖等部分，以佛香阁为主体，形成了全园的中心线。园内建筑宏伟，山水秀美，享有“园中之园”的美誉。

北京颐和园万寿山

避暑山庄在原有的得天独厚的自然地理条件基础上建造而成。因此，整个山庄的建筑风格以典雅朴素为特征，色彩多淡雅脱俗、清新自然，其中山

承德避暑山庄

区部分的十多组园林建筑被称为“因山构室”的典范。

北海是继承“一池三山”传统而发展起来的。园内垂柳掩映，苍松翠柏，郁郁葱葱，亭台林立，既保持着北方园林的宏伟大气，又展现了江南园林的婉约风姿。“蓬莱”仙岛为北海的琼华岛提供了仿建依据，其“云山雾绕”的奇幻景象令游人仿若置身仙境，美轮美奂。

北海公园白塔玉岛景观

赏“园”乐事

虽由人作，宛自天开——颐和园

颐和园是中国清朝时期的皇家园林，位于北京市海淀区境内，距天安门 20 余公里，占地 290 公顷。数百年来，颐和园一直是封建帝王和皇亲贵族的享乐之地，1961 年，国务院公布颐和园为全国重点文物保护单位。颐和园是迄今保存最完好的一座皇家行宫御苑，被誉为“皇家园林博物馆”。

颐和园内建有众多亭台楼阁，山清水秀，宏伟壮丽。颐和园大体可分为万寿山和昆明湖两大部分，在万寿山前山中央，由高到低依次排列的排云门、排云殿、德辉殿、佛香阁等建筑群依山而建，步步高升，气势宏伟。位于万寿山东侧的谐趣园因其别具一格的南方园林特色而被称为“园中之园”。

昆明湖占全园总面积的四分之三，湖水清澈见底，微风袭来，碧波荡漾，令人心驰神往。昆明湖上主要有三座小岛，其著名的景观包括东堤、西堤、十七孔桥、南湖岛等。后湖林茂竹清，景色宜人，蜿蜒曲折的林间小路与清澈的小溪流水颇具江南特色。

就园内布局而言，颐和园可分为政治区（以仁寿段为中心，为皇帝、太后处理朝政之地）、生活区（以乐寿堂等为主体，为太后、嫔妃的居住之地）和游览区（以万寿山、昆明湖为主体，为皇帝、后妃游玩赏乐之地）三部分。

颐和园集传统造园艺术之大成，以万寿山、昆明湖作为其基本构建框架，借周围的山水环境，形成了具有恢宏气势的皇家园林艺术，山水秀美，建筑宏伟，布局和谐，浑然一体，高度体现了“虽由人作，宛自天开”的造园准则。拥山抱水、绚丽多姿的颐和园体现了我国造园艺术的高超水平，在中外园林艺术史上拥有显著地位，是举世罕见的园林艺术杰作。

自然地理，风格迥异

根据地理位置的不同，中国皇家园林形成了风格迥异的建筑群，大致可分为黄河流域皇家园林建筑、南方皇家园林建筑和北方皇家园林建筑。

格调高迈，整齐华丽——黄河流域皇家园林建筑

黄河流域是中华民族的发源地，在北宋以前一直是中国的政治、经济和文化中心，黄河流域的皇家园林建筑在以西安为中心的关中一带以及洛阳、开封等地分布最为广泛。

长安为西汉、隋唐都城，西汉时期便有宫苑一百余处，唐朝长安城内有著名的“三大内”：西内太极宫、东内大明宫和南内兴庆宫。城外御苑则以华清宫最为出名，园林建筑类型丰富。洛阳位置适中，城中宫苑建筑均集中于城市中央。开封作为北宋之汴梁，当时造园兴盛，出现了“寿山艮岳”的园林建筑形式。

至隋唐时期，黄河流域园林建筑风格初具雏形，一方面采用园中有园的方法，另一方面，园林建筑布局也开始着眼于造景与观景的需要。总之，黄河流域皇家园林建筑风格以格调高迈、整齐华丽为特征。

大明宫遗址

西安华清宫芙蓉殿

南京玄武湖公园

ꕥ 风格独特，一脉相承——南方皇家园林建筑

南方皇家园林建筑主要分布在扬州（如隋十宫）、南京（如玄武湖）等地。由于南方地区建都时间较短，连续性差，皇家园林建筑规模相对较小，数量也相对较少。园林建筑风格与各时期的宫殿与居住风格一脉相承。

江南地区风景优美，地形独特，因此园林建筑大多与当地的地形地势相结合，形成了风格独特的建筑模式。

ꕥ 庄重沉稳，雄伟壮丽——北方皇家园林建筑

北方皇家园林建筑主要集中于北京及其周围地区。至清朝乾隆年间，在北京西起香山、东至海淀、南临长河范围内，目之所至，皆为馆阁亭榭，可谓园林建筑的海洋。此外，北京周边也分布有大量的皇家园林建筑群，如上

文提到的承德避暑山庄等。

北方皇家园林建筑多建于园林发展的鼎盛时期，因此有着高超的技艺水平与独特的艺术风格，在中国园林建筑史上占有重要地位。

就布局而言，北方皇家园林建筑多采用“大分散、小集中”的布局方式。受到自然气候条件以及宫殿建筑轴线对称布局的影响，北方皇家园林的建筑方向大多是南北向的。北方皇家园林建筑的整体尺度通常较大，内外空间界限分明，墙体厚重，图案严谨，形成了庄重沉稳的风格特征。此外，园林内还置有众多园林建筑小品，如牌楼、石狮、铜狮等，为皇家园林的整体风格锦上添花。

气质恢宏、富丽辉煌的皇家园林建筑是众多园林艺术的精华，以其磅礴的气势、深厚的文化底蕴、丰富的内容以及高超的技艺而独树一帜，令游人驻足流连。

承德避暑山庄外八庙

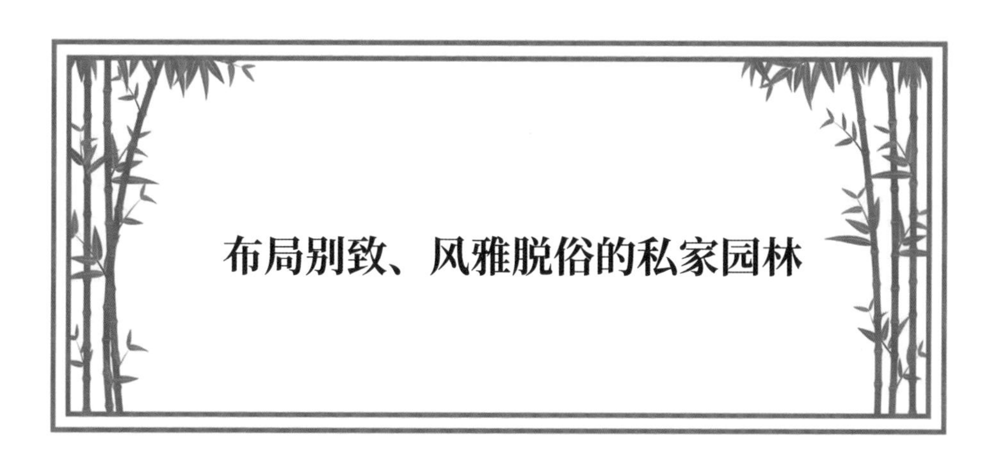

跨越时空的相遇

林中暗问

中国私家园林建筑的出现要晚于皇家园林建筑，被誉为中国传统园林建筑艺术的精华。那么，私家园林的发展经历了怎样的过程？私家园林又可以分为哪些类型呢？

私家园林建筑的建造者主要是达官贵人和富绅雅士们，由于他们所在的地理位置没有局限，因此其营造的私家园林分布也较为广泛。私家园林最早出现在汉代，以后各个时期都获得了不同程度的发展。

时事变迁，日趋成熟——私家园林建筑的发展

私家园林最早出现在汉代，见于史籍的首推西汉茂陵富商所建的“汉园”，另外就是梁孝王所建的梁苑与大将军梁冀的苑囿。在以后的各个时期，私家园林都有不同程度的变化和发展。

魏晋南北朝时期，大量文人士族隐逸山林，对隐逸的山林生活情有独钟，达官贵人也对此兴趣大增，园林开始逐渐向文人园林发展。

唐代末年，城市宅邸园林与清新优雅的文人园林间的区别逐渐缩小。

宋代受到山水画论影响，私家园林的风格更加倾向于精致幽雅。两宋时期，名园多建于江南地区。该时期比较著名的私家园林有吴兴的石林、真州的东园、海宁的安澜园、苏州的沧浪亭等。

苏州沧浪亭景观

清代时期，私家园林造园活动兴盛，该时期除江南、北方两地，岭南园林也异军突起，丰富了私家园林的风格与布局。大体而言，清代私家园林在数量和质量上都有较为显著的提高，风格也日趋成熟和多样化，整体表现出山明水秀、玲珑雅致的特点。其中最为著名的便是苏州徐氏的留园、王氏的拙政园、上海潘氏的豫园等。

苏州留园景观

上海豫园景观

因地制宜，别具一格——私家园林建筑的类型

根据地理位置及园林风格的差异，可大体将私家园林分为黄河流域私家园林建筑、北方私家园林建筑和江南私家园林建筑。

布局疏朗，色彩柔和——黄河流域私家园林建筑

黄河流域是中国早期私家园林建筑的集中分布地区之一。西汉文帝时期梁孝王的兔园是较早见于史书的私家园林。之后，隋唐的长安城内开始兴建大量的私家园林建筑。洛阳是黄河流域私家园林建筑最为兴盛之地，唐朝时期仅洛阳的私家园林建筑总数就不下 1000 座。

黄河流域私家园林建筑到北宋时期已基本形成自身风格。在建筑类型方面，大多以亭、台、堂、榭为主，作为花木景观的陪衬，布局疏朗，组合形式较少。彩画和装饰的色彩明朗轻快，柔和绚丽。

深厚凝重，交相呼应——北方私家园林建筑

北方私家园林看似不如皇家园林那般耀眼夺目、壮丽恢宏，但其数量众多，明代仅载入史册的私家园林就不下百处，当时著名的私家园林有勺园、清华园等。清代，有明确文献记载的私家园林就有 200 余处，其中仍有 60 余处保存至 20 世纪 50 年代。在北京西北郊，私家园林与皇家园林建筑交相呼应。

北方私家园林展现了自身的独特风格。园林建筑整体密度较大，通常采用轴线对称的布局手法，屋顶和墙壁较为厚重，以大面积青灰色为主，只在重点部位施彩，再加上特定的自然条件和人文、政治等因素，北方私家园林建筑形成了深厚凝重的艺术风格。

小巧玲珑，山明水秀——江南私家园林建筑

江南自古以来就拥有着得天独厚的自然条件，资源丰富，山清水秀。江南的私家园林建筑以数量众多、分布广泛、建园技艺高超而著称。

江南私家园林建筑大多位于市井繁华之地，周围一般不具备开阔的视野，因此园林建筑的平面布局通常采取内向形式并自成一体，功能齐全。在外观方面，屋面坡度较大，多采用流畅线条。由于江南地区气候条件优越，因此园林建筑结构一般采用穿斗式木构件或穿斗式与抬梁式的混合结构。

在色彩方面，房屋外部的木构部分用褐、黑、墨绿等颜色，少用彩绘，色彩素雅宁静，呈现出一幅山明水秀的优美画卷。较为有名的江南私家园林有何园、个园、狮子林等。

扬州何园

“园”来如此

穿斗式与抬梁式木架构

穿斗式与抬梁式是我国木构建筑的两种主要结构体系。下面依次介绍穿斗式与抬梁式的概念。

穿斗式木架构

穿斗式架构是指沿房屋的进深方向按檩数立一排柱（在建穿斗式架构时，应先确定屋顶所需檩数），用木柱承檩，檩上架椽，屋面重量由檩传至木柱，再由木柱传至地表。然后，再由穿枋将木柱串联起来，形成一榀榀的房架，用以确保木柱的稳定性。

穿斗式的优点：木构架用料小，整体性强，抗震能力也较强。

穿斗式的缺点：柱子排列密度较大，在一定程度上会影响房屋格局的安排，只有当室内空间较小时才能使用。

穿斗式的应用：多用于民居和较小的建筑物。

抬梁式木架构

抬梁式木架构是中国古代木结构建筑的主要形式。抬梁式又称叠梁式，它是在柱子上放梁、梁上放短柱、短柱上再放短梁，层层叠落直至屋脊，各个梁头再架檩条以承托屋椽的形式。

抬梁式的优点：以垂直木柱为房屋的基本支撑，结构复杂，加工细致，结实牢固，经久耐用，并且内部有较大的使用空间。

抬梁式的缺点：木材用料大，适应性不强。

抬梁式的应用：宫殿、庙宇、寺院等大型建筑物中常采用这种架构方式。

扬州园林建筑是江南园林建筑风格的一个重要代表，外观介于南北之间，既具有北方园林的雄伟壮丽，也具有南方园林的秀丽婉约。扬州的园林建筑艺术于乾隆时期达到鼎盛，自瘦西湖至平山堂长达 10 余公里的区域内，园林建筑星罗密布，独具风格。

赏“园”乐事

四季假山——个园

个园位于江苏省扬州古城东北隅，曾荣获第三批“全国重点文物保护单位”和“首批国家重点公园”称号，在国内外享有盛誉。这座清代扬州盐商宅邸私家园林，以遍植青竹和四季假山闻名遐迩。

扬州个园

个园以叠石艺术最为著名，以不同品种和颜色的假山叠成的四季假山将造园法则与山水画理融为一体，被园林泰斗陈从周先生誉为“国内孤例”。

扬州个园秋季假山景观

个园是以四季假山闻名江南的私家园林，全园共分为中部花园、南部住宅和北部品种竹观赏区三部分。走进园林，首先映入眼帘的便是在月洞形园门上用石额书写的“个园”二字。中部花园内的四季假山分别用不同的石材造景，春景用笋石，夏景用湖石，秋景用黄石，冬景用宣石，造型奇特，颜色迥异。整个园子以宜雨轩为中心，游人沿着顺势的方向，便可将四季奇景一览无遗，突出了个园“四季假山”的盛名。

个园的另一个特色就是竹子，北部品种竹观赏区内种植有上百种竹子，品种繁多，翠绿欲滴，俨然一幅“郁郁葱葱，茂林修竹”的秀美画卷。此外，个园的主要景点还包括抱山楼、清漪亭、丛书楼、宜雨轩等。

“四季假山”的构思与建筑，表达出“春景艳冶而如笑，夏山苍翠而如滴，秋山明净而如妆，冬景惨淡而如睡”的诗情画意，是个园最大的景观特点。个园布局巧妙，风格独特，池馆清幽，水木明瑟，是游人赏玩娱乐的绝佳去处。

私家园林规模较小，大多以水面为中心，以修身养性、闲适自娱为主要功能，园林风格以清高风雅、淡素脱俗为最高追求，充溢着浓郁的书卷气息，徜徉其中，使人仿佛置身于喧嚣的尘世之外，内心安然自适，别有一番滋味在心头。

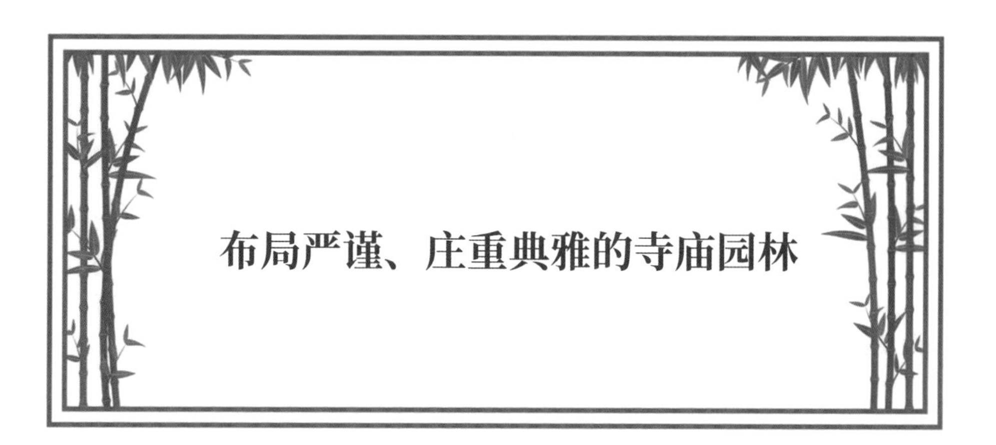

布局严谨、庄重典雅的寺庙园林

林中暗问

寺庙园林，指佛寺、道观、历史名人纪念性祠庙的园林，为中国园林的三种基本类型（寺庙园林、皇家园林、私家园林）之一。寺庙园林包括寺观周围的自然环境，是宗教景物、寺庙建筑、天然山水和人工山水的综合体。那么，寺庙园林有何特点？在园林布局上又呈现出怎样的风格呢？

寺庙园林是中国园林的一个分支，数量众多，比皇家园林和私家园林的总和还要多上几百倍，可谓“天下名山僧占多”。寺庙园林具有一系列不同于皇家园林和私家园林的特点，比如拥有得天独厚的自然景观，可以将风景优美的自然景观与后期形成的人造景观相结合等，这些都是皇家园林和私家园林所不具备的独特优势。

在园林布局方面，寺庙园林布局严谨，总体组群一般包括宗教活动部分、生活供应部分、前导部分和园林游览部分。因所处的地段不同，寺庙园林会据此呈现出不同的布局与风格。

风景独特，特色鲜明

寺庙园林与皇家园林、私家园林相比，有其自身的特点。

寺庙园林具有宗教性质。僧侣、道士们不仅在其中研究佛法、道教，修身养性，还可以将寺庙园林作为物质载体，借以向人们传播宗教文化，让人们暂时摆脱尘世烦恼，感悟人生真谛与大自然的宁静，使心灵得到净化。

寺庙园林具有公共性质。皇家园林是君主处理朝政、游玩赏乐之所，私家园林是供贵族缙绅们私人专用的空间，这两者都是禁止外人入内的。而寺庙园林则是面向广大游人香客的，通常在举行宗教活动或有重大节日庆典之时，寺庙园林便会向众人开放，供广大百姓游玩。

寺庙园林在选址上相对自由。皇家园林与私家园林的“个人”属性决定了它们的建造地或多或少都会受到宫殿和府邸的限制，而寺庙园林在选址上则具有较高的自由度。不少寺庙园林建于名川大山之上，并利用周围优美的环境与天然地理条件，营造出自然景观与人造景观完美融合的寺庙园林。

寺庙园林具有较高的稳定性。皇家园林会随着历代王朝的更替而变化，私家园林会随着贵族缙绅的家族破败而易主甚至被废弃，而寺庙园林则由于宗教文化的延续性而保持着相对较强的稳定性和连续性。

此外，寺庙园林的建造十分注重利用当地的自然地理条件，根据寺庙所处的地形地势，结合山岩、溪涧、洞穴等自然景貌要素，通过亭、桥、坊、廊、堂、阁、佛塔、碑石题刻、摩崖造像等形式的组合和点缀，共同打造出

布局和谐自然而又庄重典雅的园林景观。比较著名的寺庙园林有南京灵谷寺、苏州寒山寺、西园戒幢律寺、杭州灵隐寺等。

南京灵谷寺寺庙建筑

杭州灵隐寺景观

布局严谨，因地制宜

在园林布局方面，寺庙园林布局严谨，因地制宜，根据所处的不同地段，可将寺庙园林分为城市型寺庙园林、山林型寺庙园林和综合型寺庙园林。

城市型寺庙园林是指位于城市之中的寺庙园林。在南北朝时期，佛教盛行，不少缙绅为使宗教文化得以传播，将自己的府邸捐出用以建造庙宇。因此，城市型寺庙园林规模较小，多模仿自然山水园林，园内景观也大多为人造景观，如苏州的寒山寺、西园的戒幢律寺等。

山林型寺庙园林是指远离城市、位于山林环境的寺庙园林。这类寺庙园林在选址上具有很大的自由度和灵活性，大多风景优美的名山大川，周围环

境秀美壮丽，依山傍水，美不胜收。山林型寺庙园林通常会依据所处的地理条件和自然环境建造园林，注重开发寺院内外的天然景观，将怪石嶙峋、潺潺泉水、悬崖峭壁等自然景观之美发挥到极致，达到天人合一的效果。比较著名的山林型寺庙园林有杭州净慈寺、灵隐寺等。

综合型寺庙园林是指位于城市近郊的寺庙园林。这类寺庙园林既具有较多的人造景观，又利用了周边优美的自然环境，是城市型和山林型寺庙园林的结合。比较著名的综合型寺庙园林有江西庐山的东林寺、北京的潭柘寺等。

江西庐山东林寺景观

赏“园”乐事

寒山寺风采一览

寒山寺位于苏州市姑苏区，始建于南朝萧梁代天监年间(公元502—519年)，初名为“妙利普明塔院”。相传唐时有名叫寒山的高僧曾到此寺居住，故更名为“寒山寺”。

寒山寺的碑文

历史上寒山寺曾是中国十大名寺之一，从唐代诗人张继为其题诗《枫桥夜泊》之后，便开始闻名了。寺内古迹甚多，有张继诗的石刻碑文，寒山、拾得的石刻像，文徵明、唐寅所书碑文残片等。这座寺庙历经数代，屡建屡毁，当今的寒山寺为清朝末年所建。

寒山寺的殿宇主要有藏经楼、大雄宝殿、钟楼、枫江楼、碑文《枫桥夜泊》等。寒山寺建筑并没有严格遵循中轴线对称布局。寒山寺黄墙内古典楼阁右侧为枫江楼（已于三百年前塌毁，苏州市人民政府在修整寒山寺时，将苏州城内宋宅著名的“花篮楼”移建于此），左侧为霜钟楼，枫江楼和霜钟楼之名均出自张继的《枫桥夜泊》。

寒山寺的建筑

走出大雄宝殿，左侧可达方丈室和普明宝塔，右侧可至著名的听“夜半钟声”的钟楼，位于正前方的两层楼宇为藏经楼。从屋顶远眺，可望见唐僧、孙悟空等人去西天取经的塑像群。藏经楼楼下为“寒拾殿”，钟楼便位于寒拾殿的旁边。

寒山寺佛像的雕塑别具一格，碑刻艺术闻名遐迩，碑廊内陈列着历代名人（如唐伯虎、岳飞、康有为等人）的诗碑，其中尤以晚清张继诗碑最为著名。大雄宝殿的两侧壁内嵌有寒山诗碑共计36首，并有十六罗汉像悬挂于两侧，殿内置有两个石刻和尚，他们是寒山与拾得。

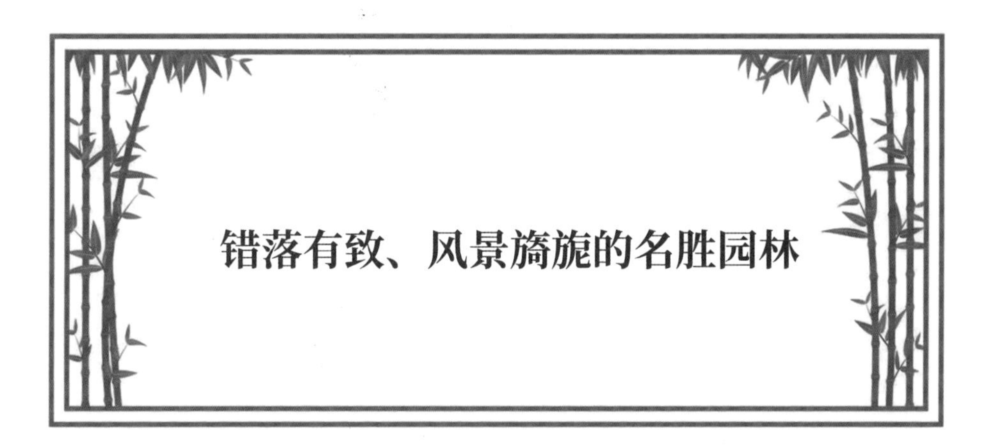

错落有致、风景旖旎的名胜园林

跨越时空的相遇

林中暗问

不同于皇家园林、私家园林以及寺庙园林，名胜园林又称自然景观园林，是一种天然景观。名胜园林以天然山水作为基础，配合周围的自然环境来建造，并辅以人为加工，最终形成可供人观赏的园林景观，具有公共游览性质。那么，名胜园林建筑有哪些特点？比较著名的名胜园林有哪些呢？

名胜园林是人们对天然山水的利用，由于本身的植被水源、地势特点等天然因素，可谓“清水出芙蓉，天然去雕饰”，与人工园林相比，具有不可替代的优势，是各类园林中天然山水成分占比最大的一种园林形式。

根据所处的不同地理位置，名胜园林可分为城郊外名胜园林和城内或近郊名胜园林两种类型。

城郊外名胜园林是指在城市郊外风景区内所建造的园林景观，一般而言，这类名胜园林由于受到的地理限制较小，因此规模较大，并且蕴含着丰富的景观内容。比较著名的城郊外名胜园林景区有杭州西湖的三潭印月、平湖秋月、柳浪闻莺、曲院风荷等，以及扬州瘦西湖的二十四桥、五亭桥、小金山等。

杭州西湖的三潭印月景观

杭州西湖小金山

城内或近郊名胜园林是指分布在城市内部或城市附近郊区的名胜园林，这类园林通常具有优美的风景地貌、深厚的文化底蕴和较高的历史文化价值，中心建筑一般为古楼、古桥、古亭等。比较著名的名胜园林是被称作“吴中第一名胜”的苏州虎丘，占地200余亩，历史悠久，植被茂盛，进入其中，犹如身临深岩巨壑，可观赏四季景观交替，别有一番韵味。历代名人也对此地情有独钟，并留下了大量的文化遗迹。此外，比较有名的名胜园林还有浙江绍兴的兰亭（东晋王羲之曾在此处写下著名的《兰亭集序》）、南湖的烟雨楼、南昌的滕王阁（唐代王勃曾在此处写下著名的《滕王阁序》）等。

苏州虎丘

浙江绍兴兰亭墨华亭

赏“园”乐事

旖旎多姿的瘦西湖园林

瘦西湖，原名保障湖，位于江苏省扬州市城西北郊，为国家级风景名胜区、国家5A级旅游景区。瘦西湖由隋、唐、五代、宋、元、明、清等不同朝代的城濠连缀而成，在清代康乾时期已形成基本格局。

该湖因湖面瘦长而称为“瘦西湖”。相传，在清乾隆时期，钱塘诗人王沆来扬州游玩，将扬州瘦西湖与家乡的杭州西湖做比较，遂赋诗道：“垂杨不断接残芜，雁齿虹桥俨画图。也是销金一锅子，故应唤作瘦西湖。”据说，瘦西湖名字由此而来，一个“瘦”字，形象传神地道出了它

的特点。

瘦西湖的湖面迂回曲折，蜿蜒伸展，仿佛神女的腰带，媚态动人，串以卷石洞天、西园曲水、虹桥揽胜、长堤春柳、四桥烟雨、五亭桥、白塔、二十四桥、熙春台、望春楼等两岸景观，形成了一幅天然秀美、意蕴悠长的美丽画卷。

瘦西湖精美细致，宛如一颗明珠嵌于扬州古城，衬得古城愈发娇艳，光彩照人；同时在古风古韵的沁润之下，扬州的“湖中西子”也更显妖娆。清朝时，康熙、乾隆二帝曾数次南巡扬州，当地的豪绅争相建园，遂得“园林之盛，甲于天下”的美誉。

江苏扬州瘦西湖春季风光

参考文献

[1] 曹林娣 . 中国园林艺术概论 [M]. 北京：中国建筑工业出版社，2009.

[2] 陈祺，刘粉莲 . 中国园林经典景观特色分析 [M]. 北京：化学工业出版社，2012.

[3] 储兆文 . 中国园林史 [M]. 上海：东方出版中心，2008.

[4] 樊丽 . 中外园林的历史渊源与嬗变研究 [M]. 北京：中国水利水电出版社，2017.

[5] 冯炜，李开然 . 现代景观设计教程 [M]. 北京：中国美术学院出版社，2002.

[6] 冯钟平 . 中国园林建筑 [M]. 北京：清华大学出版社，2000.

[7] 郭风平，方建斌 . 中外园林史 [M]. 北京：中国建材工业出版社，2005.

[8] 计成 . 园冶图说 [M]. 济南：山东画报出版社，2017.

[9] 孔德建 . 中国园林史 [M]. 北京：中国电力出版社，2015.

[10] 林鸿，王悠悠 . 佛教生态思想下的江南佛教园林景观设计研究 [J]. 艺术科技，2017，(03)：101.

[11] 刘滨谊 . 现代景观规划设计 [M]. 南京：东南大学出版社，1995.

[12] 刘蔓 . 景观艺术设计 [M]. 重庆：西南师范大学出版社，2000.

[13] 吕明伟 . 园林 [M]. 合肥：黄山书社，2015.

[14] 马菁 . 虽由人作，宛自天开：中国古典园林艺术及其设计发展 [M]. 北京：中国纺织出版社，2016.

[15] 童寯 . 江南园林志 [M]. 北京：中国建工出版社，2007.

[16] 王其钧，邵松 . 古典园林 [M]. 北京：中国水利水电出版社，2005.

[17] 王小回 . 中国传统建筑文化审美欣赏 [M]. 北京：社会科学文献出版社，2009.

[18] 王毅 . 翳然林水：棲心中国园林之境 [M]. 北京：北京大学出版社，2015.

[19] 吴昆 . 中国园林发展与设计理论研究 [M]. 长春：吉林大学出版社，2014.

[20] 吴为廉 . 景园建筑工程规划与设计 [M]. 上海：同济大学出版社，2009.

[21] 夏嵩，谷康 . 基于传统的中国园林空间文化研究 [D]. 南京：南京林业大学，2011.

[22] 薛健 . 世界园林建筑与景观丛书 [M]. 北京：中国建筑工业出版社，2003.

[23] 袁梦，俞楠欣，陈波 . 中国园林造园理念的源流与发展 [J]. 浙江理工大学学报（社会科学版），2019，(04)：414-422.

[24] 张浪 . 中国园林建筑艺术 [M]. 合肥：安徽科学技术出版社，2004.

[25] 张青萍 . 园林建筑设计 [M]. 南京：东南大学出版社，2010.

[26] 张晓玲，吕能标 . 中西方园林及其设计理论研究 [M]. 长春：吉林大学出版社，2014.

[27] 张媛媛 . 论古代中外神仙思想对其艺术理念及园林的影响 [J]. 小品选刊，2016（10）：222.

[28] 周建新，王庆斌 . 园林建筑小品与环境协调性设计研究 [D]. 河南：河南工业大学，2016.

[29] 周维权 . 中国古典园林史 [M]. 北京：清华大学出版社，2005.